AF500694

DU CAFÉ

SON HISTORIQUE,
SON USAGE, SON UTILITÉ, SES ALTÉRATIONS,
SES SUCCÉDANÉS ET SES FALSIFICATIONS,

COMPRENANT

Les Condamnations prononcées contre les fraudeurs,

PAR

A. CHEVALLIER,

Pharmacien chimiste,
Membre de l'Académie impériale de médecine, du Conseil de salubrité
du département de la Seine, etc.

PARIS

J.-B. BAILLIÈRE ET FILS,
LIBRAIRES DE L'ACADÉMIE IMPÉRIALE DE MÉDECINE,
Rue Hautefeuille, 19.

LONDRES, | NEW-YORK,
HIPP. BAILLIÈRE, 219, Regent street. | BAILLIÈRE brothers, 440, Broadway.

MADRID, C. BAILLY-BAILLIÈRE, PLAZA DEL PRINCIPE ALFONSO, 16.

1862

DU CAFÉ

SON HISTORIQUE,

SON USAGE, SON UTILITÉ, SES ALTÉRATIONS,

SES SUCCÉDANÉS,

LES FALSIFICATIONS QU'ON LUI FAIT SUBIR.

S. 20122

EXTRAIT

DES

ANNALES D'HYGIÈNE PUBLIQUE ET DE MÉDECINE LÉGALE,

2e SÉRIE, 1862, T. XVII.

Journal rédigé par : MM. Adelon, Andral, Boudin, Brierre de Boismont, Chevallier, Devergie, Fonssagrives, Gaultier de Claubry, Guérard, Michel Lévy, Mélier, P. de Pietra-Santa, Ambr. Tardieu, Trébuchet, Vernois, Villermé. Avec une *Revue des travaux français et étrangers*, par M. le docteur Beaugrand.

Publié depuis 1829, tous les trois mois, par cahier de 250 pages avec planches.

PRIX DE L'ABONNEMENT ANNUEL :

Pour Paris : 18 fr. — Pour les départements (*franco*) : 20 fr.

On s'abonne à Paris, chez J.-B. BAILLIÈRE et FILS, 19, rue Hautefeuille.

Paris. — Imprimerie de L. MARTINET, rue Mignon, 2.

DU CAFÉ

SON HISTORIQUE, SON USAGE, SON UTILITÉ, SES ALTÉRATIONS, SES SUCCÉDANÉS ET SES FALSIFICATIONS,

COMPRENANT

Les condamnations prononcées contre les contrefacteurs,

PAR

A. CHEVALLIER.

Pharmacien chimiste,
Membre de l'Académie impériale de médecine, du Conseil de salubrité du département de la Seine, etc.

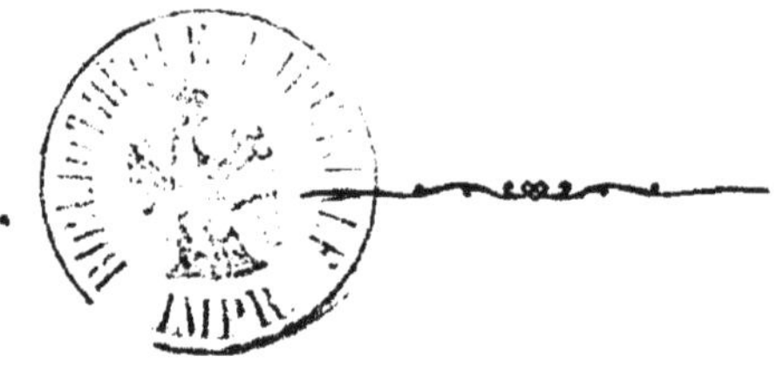

PARIS

J.-B. BAILLIÈRE ET FILS

LIBRAIRES DE L'ACADÉMIE IMPÉRIALE DE MÉDECINE,

RUE HAUTEFEUILLE, 19.

LONDRES, Hipp. BAILLIÈRE, 219, Regent street. | NEW-YORK, BAILLIÈRE brothers, 440, Broadway.

MADRID, C. BAILLY-BAILLIÈRE, PLAZA DEL PRINCIPE ALFONSO, 16.

1862

1861

DU CAFÉ

SON HISTORIQUE, SON USAGE, SON UTILITÉ, SES ALTÉRATIONS, SES SUCCÉDANÉS, LES FALSIFICATIONS QU'ON LUI FAIT SUBIR; CONDAMNATIONS PRONONCÉES CONTRE LES FALSIFICATEURS.

On a donné le nom de *café* au périsperme du fruit de l'arbre qui est connu sous les noms de *caféier*, de *Coffea arabica*, arbre qui est originaire de l'Arabie, mais qui est maintenant cultivé en Amérique, dans les Antilles, dans la Guyane, à l'île Bourbon.

L'arbre qui fournit le café est susceptible de s'élever à 8 mètres de hauteur, mais on arrête cette élévation en coupant les branches supérieures (en l'étêtant), de telle sorte qu'on maintient sa hauteur de 1m,50 à 2 mètres, ce qui en facilite la récolte.

Celle-ci est considérable : en effet, Humboldt a fait connaître qu'un hectare de terrain dans les vallées d'Aragua, sur lequel seraient cultivés 2560 pieds de caféier, pourrait fournir en moyenne 2278 kilogrammes de graines sèches.

Le fruit du caféier ne peut être mieux comparé qu'à une cerise : sa couleur est rougeâtre ; sa pulpe, lorsqu'elle arrive à la maturité, a une saveur douce et aigrelette.

La récolte du café ne se fait pas en une seule fois, mais à diverses reprises et à mesure que la maturité s'opère, ce qui varie en raison de la température.

Le fruit étant détaché de l'arbre, il faut séparer la pulpe du périsperme, ce périsperme étant ce que nous nommons les *grains de café*. Cette pulpe peut, dit-on, être utilisée par fermentation et par distillation pour obtenir de l'alcool. Les grains, séparés, varient de forme, selon que le fruit renferme au milieu de sa pulpe d'une à quatre graines.

La séparation du grain et de la pulpe peut se faire principalement par deux procédés. L'un est basé sur la dessiccation du fruit ; après cette dessiccation, la pulpe et la seconde enveloppe étant friables, on les sépare par le broiement, qu'on fait suivre d'un vannage : le café ainsi obtenu est légèrement jaune. L'autre se pratique en faisant passer le fruit entre deux cylindres ; on laisse ensuite macérer les grains dans de l'eau pendant vingt-quatre heures, on les débarrasse par froissement, puis on les fait sécher : le café ainsi préparé prend une couleur verte. On établit que cette manipulation lui a fait perdre une minime partie de son arome, la matière aromatique étant soluble dans l'eau.

M. Payen, de l'Institut, qui a beaucoup écrit sur le café, dit que dans diverses localités, à Moka, on laisse mûrir les fruits sur l'arbre jusqu'à ce qu'ils puissent arriver spontanément à la dessiccation, séparant ensuite les grains de la pulpe desséchée : selon ce savant, le café ainsi obtenu serait celui qui fournirait le plus d'arome lors de sa torréfaction.

Cet auteur dit qu'on pourrait améliorer les différentes variétés de cafés :

1° En observant avec soin le degré de maturité, et hâtan la dessiccation dans des salles ventilées.

2° En transportant intacts les fruits desséchés, pour ne les décortiquer que sur les lieux de consommation. Il fait connaître qu'on expédie en France, sous le nom de *café en parche*, des grains dont les fruits ont seulement été débarrassés de la pulpe charnue, mais qui ont conservé l'enveloppe qui touchait le périsperme; en se desséchant, cette enveloppe diminue de volume, mais ce café reste protégé contre les altérations des couches externes. Ces cafés, qui sont, selon M. Payen, d'un prix plus élevé, ont un arome très délicat.

DE LA CONSOMMATION DU CAFÉ.

Il serait très intéressant de savoir quel est le premier qui fit usage du café et dans quel but il en fit usage, de suivre la progression de cet usage; mais, dans les recherches faites à ce sujet, souvent la tradition se perd, et ce que nous savons doit être incomplet et peut être entaché d'inexactitude : quoi qu'il en soit, voici ce qu'on rapporte à cet égard (1).

Selon les uns, l'usage du café est dû au supérieur d'un couvent, qui employait les graines de café torréfiées dans un poêlon, pour en préparer, à l'aide de l'eau chauffée, un liquide qu'il faisait prendre à ses moines pour les tenir en éveil (2).

Selon d'autres, il est dû à un mollah du nom de Chudely,

(1) Selon Mérat et de Lens (*Dict. univ. de matière médicale et de thérapeutique*), il serait positif, d'après les manuscrits de la bibliothèque impériale, qu'on en usait en Perse en 875; qu'en 1517, le sultan Selim, ayant fait la conquête de l'Égypte, l'apporta à Constantinople, où il n'y eut d'établissements publics (des cafés) qu'en 1553; que Rauwolf est le premier Européen qui ait mentionné le café avec figures, dans son *Voyage du Levant*; que Prosper Alpin le décrivit en botaniste en 1640 (*Historia naturalis Ægypt.*).

(2) N'oublions pas de dire que la découverte de l'action excitante du café a été attribuée à un berger du petit royaume d'Yémen, qui se serait aperçu que les brebis qu'il menait paître étaient en proie à une agitation particulière toutes les fois qu'elles broutaient la drupe du caféier.

qui essaya de l'employer pour combattre un assoupissement qui l'empêchait de se livrer à ses prières nocturnes. Ce moyen lui ayant réussi, les derviches suivirent son exemple, et bientôt l'usage du café se répandit à Médine et à la Mecque.

Un ouvrage d'une haute antiquité rapporte que longtemps avant son emploi en Arabie, il était connu en Afrique, et que les Arabes en rapportaient l'usage à un mufti d'Aden, qui dès le XVe siècle avait fait connaître ses qualités lors du retour d'un voyage qu'il avait fait en Abyssinie.

Cet usage du café éprouva de nombreuses vicissitudes même en Orient. Dans l'empire ottoman, la consommation du café eut à vaincre des obstacles dès qu'elle devint une occasion de réunion dans les lieux publics : était-ce le café qu'on voulait défendre, ou les réunions qu'il occasionnait? Quoi qu'il en soit, Amurat III fit une rude guerre aux consommateurs de café : ce prince ordonna la fermeture des établissements publics où l'on vendait cette boisson. Après quelques intervalles de relâchement de cette sévérité, elle fut remise en vigueur, particulièrement sous la minorité de Mahomet IV; mais en 1554, sous le règne de Soliman le Grand, le débit de cette liqueur fut toléré.

A Venise, l'usage du café remonte à 1615; en 1654, il était parvenu à Marseille (1). Enfin en 1657, on en avait connaissance à Paris par le voyageur Thévenot; il devenait de mode en 1669, grâce, dit-on, à l'initiative de l'ambassadeur de Turquie, Soliman Aga (2). En 1672, un premier établissement, où l'on débitait publiquement le café, fut ouvert à la foire Saint-Germain; plus tard, un autre café fut ouvert par

(1) On a imprimé que Louis XIV fut le premier qui (en 1644) en prit en France.

(2) Cet ambassadeur, renommé par son esprit et sa courtoisie, s'empressait de faire servir à ceux qui le visitaient du Cahué (du café), dont l'usage avait été introduit à Constantinople par les pèlerins venant de Médine ou de la Mecque.

un Arménien, nommé Pascal, au coin du quai de l'École, près du *Pont-Neuf*. Là se réunissaient les chevaliers de Malte et les étrangers. Plus tard encore, un nommé Étienne, d'Alep, ouvrit en face du pont Saint-Michel, au coin de la rue Saint-André-des-Arts et de la rue de la Vieille-Bouclerie, un établissement orné de glaces, avec des tables de marbre. Ce café, qui est maintenant démoli, porta plus tard, et presque pendant un demi-siècle, le nom de *café Cuisinier*. Il était devenu historique, et l'on y montrait une table sur laquelle Bonaparte, lorsqu'il n'était qu'officier d'artillerie, avait l'habitude de prendre son café.

Le troisième café ouvert à Paris était tenu confortablement; il existe encore (1) : c'est celui que l'on connaît sous le nom de *café Procope*. Ce café fut fondé en 1689 par Procope, Sicilien d'origine, rue de l'Ancienne-Comédie; cet établissement est encore, à l'époque actuelle, très fréquenté par des médecins et par des savants.

L'usage du café a souvent provoqué des polémiques auxquelles prirent part madame de Sévigné et Fontenelle, les uns le considérant comme utile, les autres comme nuisible à la santé, et même comme toxique. C'est en parlant de cette boisson que Fontenelle, presque centenaire, disait pour défendre cette boisson : « *Si le café est un poison, c'est un poison bien lent, car j'en bois plusieurs tasses par jour, depuis quatre-vingts ans, et ma santé n'en est pas encore sensiblement altérée.* »

De nos jours, le café a bien encore ses détracteurs, mais l'usage qu'en font nos ouvriers, nos soldats, répond à ces attaques. Le café, selon nous, est non-seulement une boisson, mais un aliment ; c'est ce que M. Gasparin a bien démontré dans un travail que nous mentionnerons plus bas.

(1) « Cet établissement, dit M. Champouillon, était différent des autres, qui n'étaient que des cabarets dans lesquels on fumait, on buvait de la bière, et dont les gens de bonne compagnie n'osaient s'approcher. »

A l'époque actuelle, le café est une nécessité, et le nombre d'établissements où l'on en opère le débit à Paris s'élève, depuis l'annexion, à plus de 1576 (1).

On en prépare le matin dans chaque maison, et il n'y a pas, nous pouvons le dire avec certitude, de petit village en France qui n'ait au moins un café.

On conçoit, d'après ce que nous venons de dire, que le café, qui est un produit exotique (2), est importé en France en d'immenses quantités. Des recherches que nous avons faites il résulte que l'importation du café en France s'est élevée : 1° de 1827 à 1836, à 17 327 684 kilogrammes; 2° de 1837 à 1846, à 24 400 119 kilogrammes; 3° de 1846 à 1856, à 32 633 0[illegible] kilogrammes; 4° de 1856 à 1859, à 86 543 000 kilogrammes.

Ces quantités ne représentent cependant pas la totalité du café consommé en France, par suite de l'usage qui s'était successivement établi depuis 1804 ou 1805, d'additionner le

(1) Dans ce nombre ne sont pas compris : 1° des établissements ouverts sous le nom de *crémeries*, qui se trouvent dans tous les quartiers de Paris et se multiplient chaque jour ; 2° des marchands de vin où l'on vend du café ; 3° les cafés chantants, dits *cafés concerts* ; 4° de petits établissements connus parmi les jeunes gens sous le nom de *caboulots*, où l'on vend des prunes, de la bière, du café, de l'absinthe, etc.

(2) On conçoit que, dans le travail que nous publions, nous n'avons pas à nous occuper du café sous le rapport de sa culture ; nous devons cependant dire que c'est aux Hollandais qu'il faut reporter la propagation de la culture du café. A la fin du XVIe siècle, la consommation du café prenant du développement, ils firent venir de Moka à Batavia quelques pieds de caféier ; un de ces pieds, transporté dans le jardin botanique d'Amsterdam, produisit des fleurs, puis des graines qui arrivèrent à l'état de maturité. Ces graines furent semées, et l'on en obtint des pieds nouveaux ; l'un d'eux, lors de la paix d'Utrecht, fut envoyé en cadeau à Louis XIV. Ce caféier se multiplia dans les serres du Jardin du roi à Paris ; il devint le germe de la culture du caféier aux Antilles. Trois de ces pieds furent confiés au capitaine de Clieu pour les transporter dans nos colonies, où l'un d'eux seul put arriver, la traversée ayant été longue et difficile. La sécheresse du temps

café vendu au détail de chicorée torréfiée moulue, dans la proportion, en moyenne, de 86 de café et de 14 de chicorée : mais ce mélange, qui était toléré et qui était passé en habitude, n'est plus admis de nos jours pour les vendeurs, il est considéré comme une falsification ; et ceux qui à l'époque actuelle s'en rendent coupables, sont condamnés pour avoir trompé sur la nature de la marchandise, et les condamnations peuvent même aller jusqu'à l'emprisonnement. Nous reviendrons plus tard sur ces faits.

DE LA TORRÉFACTION DU CAFÉ.

Le café en grains, tel qu'il est livré au commerce, a besoin, pour fournir la liqueur qui porte son nom, de subir l'opération connue sous le nom de *torréfaction*. Cette opération, qui est d'une très grande importance, doit surtout fixer l'attention de ceux qui sont appelés à la mettre en pratique(1). Elle a été le sujet d'études dues à divers observateurs ; mais

étant considérable, deux de ces pieds périrent; le troisième pied, qui arriva vivant à la Martinique, ne dut sa conservation qu'à ce que de Clieu se priva de la légère ration d'eau qui lui était donnée, et qu'il l'utilisa pour entretenir vivante la plante précieuse qui lui avait été confiée.

C'est ce pied de caféier qui, trouvant un terrain favorable, se multiplia d'une manière prodigieuse et devint la source de nos cultures en café. Mais le succès ne s'obtint pas d'abord, il fallut vaincre de nombreuses difficultés pour y arriver. On doit citer comme ayant aidé à ce succès : Besson, lieutenant général d'artillerie; de la Mothe-Aigron, lieutenant du roi, qui protégèrent cette culture à Cayenne, à la Martinique, à Saint-Domingue et à la Guadeloupe.

M. Payen, dans un article intitulé *De l'alimentation publique, le café, sa culture et ses applications hygiéniques*, qui se trouve dans la *Revue des Deux-Mondes*, 1859, p. 473, a publié des détails d'un haut intérêt sur la culture des cafés expédiés des diverses colonies.

(1) M. Payen pense que, dans l'origine, on a dû se contenter de l'arome du café normal, arome bien moins agréable que celui développé par la chaleur; il explique comment on est arrivé, en faisant dessécher les grains, à la torréfaction, qui s'est ensuite perpétuée par suite des avantages qui en résultent.

les études ont été pour ainsi dire faites en pure perte, car il y a conviction pour nous qu'un grand nombre de débitants ne savent pas torréfier le café d'une manière convenable. D'après ce que nous avons été à même d'observer, la plupart du temps la torréfaction n'est pas égale : tantôt elle est trop faible, d'autres fois trop forte ; dans ce dernier cas le café est converti en une matière charbonnée sans arome. On trouve, il est vrai, quelques débitants qui apportent un soin particulier à cette opération, mais ils sont rares ; il en est qui ne voulant pas se donner la peine de torréfier eux-mêmes le café qu'ils doivent vendre, l'achètent tout brûlé à des confrères qui ne craignent pas de leur livrer des produits détestables, dans lesquels ils font entrer des cafés avariés qui, exposés à l'air sans précaution après la torréfaction, ont perdu une partie de leur arome et de leur valeur.

La torréfaction pratiquée dans les ménages présente les mêmes inconvénients ; aussi doit-on établir que, dans la plupart des maisons, on ne boit le plus ordinairement que de très mauvais café.

La torréfaction du café se fit d'abord au contact de l'air, dans des plats de terre ou de métal, en renouvelant sans cesse les surfaces. A l'époque actuelle, on se sert de vases ovoïdes, sphériques ou cylindriques, qui, mis continuellement en mouvement, ne permettent pas aux grains de café de se torréfier plus d'un côté que de l'autre.

A l'aide de ces instruments, qui sont connus sous le nom de *brûloirs à café*, l'opération est devenue plus facile, et avec de l'attention, et surtout de la pratique, on peut arriver à de bons résultats. Ces résultats s'obtiennent surtout avec les brûloirs qui sont mis en mouvement par un mécanisme régulier.

En ouvrant le brûloir de temps en temps, on voit où en est l'opération. Elle doit être arrêtée lorsque le grain a pris une teinte rousse tirant sur le marron ; si l'on poussait plus loin l'opération, on n'obtiendrait plus qu'un café par trop brûlé (1).

Quelques personnes ont proposé des modifications dans la construction des brûloirs à café.

On a indiqué la construction de brûloirs pouvant laisser échapper les vapeurs qui se produisent pendant la torréfaction. Un ouvrier, nommé Vandenbrouck, voulant prévenir les inconvénients qui résultent des parois du brûloir trop chauffées ou chauffées inégalement, proposa de revêtir les parois de tôle du brûloir d'une toile métallique qui maintiendrait constamment à une petite distance des parois chauffées les grains de café, et permettrait d'obtenir une torréfaction égale de tous les grains (2).

La torréfaction terminée (3), il faut, pour que la caramélisation ne se prolonge pas outre mesure, retirer le café du brûloir et le vanner au contact de l'air. Cette opération a pour but de produire un refroidissement utile, et de donner lieu à la dispersion d'une petite quantité d'une huile pyrogénée qui a une odeur désagréable, analogue à celle de la corne brûlée, odeur provenant de la caramélisation d'une partie des substances azotées contenues dans le café.

Le café torréfié refroidi doit être conservé dans des vases fermés jusqu'au moment de le moudre afin d'en faire usage.

M. Champouillon signale de la manière suivante l'incurie des épiciers relativement à la conservation du café : « Les grains de café étant mal torréfiés, *l'épicier, en outre, les étale au soleil derrière les vitres de son magasin; là ils perdent le peu d'arome qui leur restait, absorbant les émanations sulfu-*

(1) Nous avons constaté que la torréfaction du café doit être commencée avec un feu doux, afin que le calorique pénètre les grains de café.

(2) Lors de cette opération, le café augmente de volume, mais il perd de son poids : cette perte est évaluée par les uns à 15 et 17, par les autres à 20 et 21 pour 100.

(3) Les cafés de provenances diverses ne doivent pas être brûlés ensemble, mais séparément : en effet, ils se torréfient inégalement; les uns sont trop torréfiés, les autres ne le sont pas assez.

reuses ou ammoniacales de la rue, ainsi que les mille senteurs nauséabondes de la boutique, etc. »

La torréfaction du café a occupé les savants, et l'on cite, parmi ceux qui s'en sont occupés, les noms de Parmentier, de Cadet de Vaux, de Cadet Gassicourt (1).

Parmentier faisait connaître (*Annales de chimie*) les procédés suivis par quelques personnes dans le but de retenir l'arome du café lors de la torréfaction. Ces procédés consistent :

1° A ajouter dans le cylindre à torréfier, et lorsque le café commence à se colorer, une quantité de beurre frais suffisante pour *vernir* la surface des grains.

2° A faire la même opération en faisant usage de sucre au lieu de beurre frais.

3° A saupoudrer le café retiré du brûloir et encore chaud avec une petite quantité de sucre en poudre.

Selon nous, l'emploi du beurre donne au café un goût qui nous a paru désagréable, goût qui ne serait pas adopté par

(1) Voici ce que disent MM. Graham, Stenhouse et Dugald relativement à cette opération :

« La semence du café à l'état frais et naturel est coriace et ne peut être moulue qu'avec difficulté.

» Elle fournit une infusion sans arome qui est amère, et qui, selon quelques auteurs, agit plus énergiquement sur les nerfs que le café torréfié.

» Cependant cette semence est toujours torréfiée avant d'être employée, et c'est dans cet état et avec sa structure plus ou moins oblitérée par la division que son identité doit être déterminée et sa pureté établie au moyen d'un examen chimique.

» La torréfaction altère matériellement le café, et cette substance acquiert de nouvelles propriétés : à l'état frais, son tissu fibreux possède une consistance cornée, et diffère par sa composition du tissu fibreux ordinaire; de plus il est dit que, traité par l'acide sulfurique, il ne fournit pas de sucre.

» Par la torréfaction, ce ligneux subit une décomposition partielle et devient friable; la difficulté qu'on éprouve à pulvériser la semence et à l'épuiser par l'eau disparaît aussi.

» Il se produit en même temps une matière soluble, brune et amère, les gourmets. L'emploi du sucre dans le brûloir donne un café qui communique plus de couleur au liquide qu'on prépare, mais qui a perdu un peu de l'arome agréable du café. L'emploi du sucre après qu'on l'a retiré du brûloir ne change pas sensiblement l'arome du café.

DE L'ENROBAGE DU CAFÉ.

L'opération que nous venons de faire connaître peut être désignée par le mot d'*enrobage;* mais il ne faut pas confondre cet enrobage avec celui qui se pratique à Paris par un grand nombre d'industriels dans un but de falsification, faisant entrer dans cet enrobage des quantités très fortes, non de sucre, mais de mélasses, les unes provenant du raffinage du sucre de l'Inde, mais la plupart ressortant du raffinage du sucre de betterave. Les uns introduisent dans le brûloir la mélasse pendant que le café se torréfie, les autres lorsque le café est torréfié; à cet effet, ils le jettent et le roulent dans un vase où la mélasse a été mise d'avance. D'autres encore introduisent

» provenant en partie d'une substance gommeuse qui préexiste dans le » café et qui est altérée comme l'amidon par la torréfaction, mais princi- » palement de la transformation en caramel d'une quantité de sucre qui » entre dans la constitution de la semence pour 6 ou 7 pour 100 de son » poids.

» Un produit encore plus caractéristique de la torréfaction du café est » celui qui lui donne de l'arome. Ce principe, obtenu par la distillation » d'une infusion de café, se présente sous la forme d'une huile brune et » liquide, plus pesante que l'eau, soluble dans l'éther; elle a reçu le nom » de *caféone*. (Boutron et Fremy).

» La caféone est légèrement soluble dans l'eau bouillante; la plus faible » quantité de cette substance est susceptible d'aromatiser deux ou trois » pintes d'eau.

» De même que tous les principes constituants importants du café, la » caféone provient de la portion soluble de la semence torréfiée.

» L'acide caféique du café vert se change aussi, par l'action de la cha- » leur, en un acide qui possède des propriétés différentes.

» Pendant la torréfaction, une petite quantité de la caféone cristalli- » sable peut être perdue à cause de sa volatilité. »

dans le brûloir, de la mélasse, de la glycose et de la poudre de chicorée torréfiée qui augmente le poids du café.

Les mélasses de sucre de betterave employées contenant une certaine quantité de chlorure de sodium, les cafés ainsi enrobés ont souvent une saveur salée.

C'est par l'enrobage qu'on prépare un café qui depuis longtemps jouit à Paris d'une grande réputation : nous voulons parler du café dit *café de Chartres*, préparé d'abord dans cette ville par M. Royer père, puis contrefait avec plus ou moins de succès par diverses personnes de cette ville, dont nous n'avons pas à faire connaître les noms. Mais M. Royer emploie pour l'obtention de son produit des cafés de choix qu'il fait trier, du sucre de première qualité ; tandis que d'autres font usage de *café Padangue*, de *café du Brésil*, de *cafés tarés et avariés*, de *chicorée*, etc., etc. (1) : ce qu'il y a de plus *pitoyable*, c'est qu'on a vendu du café préparé avec des graines indigènes qui n'ont nulle analogie avec le café (2).

L'enrobage du café est devenu plus tard une sorte de falsification, et les tribunaux l'ont considéré comme tel, lorsque la proportion du produit enrobant était très considérable. Ainsi on a enrobé du café à 5, à 7, à 8, à 10 pour 100, et enfin nous en avons trouvé qui était recouvert d'une espèce de pâte sucrée qui attirait l'humidité de l'air et défigurait le produit.

Nous avons dit que les tribunaux ne permettaient pas l'*enrobage exagéré du café*, cela est de toute justice. En effet, le café a une valeur de 2 fr. 50 c. à 3 fr. 20 c. le kilogramme ; la mélasse a une valeur de 60 à 70 centimes le kilogramme, la glycose une valeur de 60 centimes.

(1) Nous devons cependant dire que nous avons visité à Paris une fabrique où l'on prépare le café selon la méthode mise en pratique à Chartres. Dans cette fabrique, les cafés sont des cafés de choix, ils sont triés avec le plus grand soin, torréfiés par un homme qui a l'habitude de l'opération, enfin enrobés avec du sucre de qualité supérieure.

(2) Nous avons constaté ce fait lors de l'Exposition générale.

Ces différences de prix permettent au fraudeur de vendre de mauvais café et de faire une concurrence illicite au négociant qui n'a pu faire taire ses scrupules, et qui, honnête homme à l'époque actuelle, veut vendre une marchandise pour ce qu'elle est.

On s'assure de la quantité de sucre ou de mélasse ajoutée au sucre en épuisant le café par l'eau, faisant évaporer, et prenant le poids de l'extrait, qui, pour le café exempt de substances étrangères, est de 22 à 23 pour 100.

On peut aussi prendre une quantité donnée de café sec, l'épuiser par l'eau, puis dessécher le résidu pour en prendre le poids.

M. Félix Boudet, qui a fait de nombreux essais sur le café, a établi que du café enrobé à 5 donnait 22,88 d'extrait pour 100; que du café enrobé à 6 donnait 26,40 d'extrait pour 100; que du café enrobé à 8 fournissait 27,60 d'extrait pour 100. On conçoit que ces données ne sont pas mathématiques. En effet, des expériences ont été faites dans le but de reconnaître :

1° Si les cafés torréfiés fournissent toujours la même quantité d'extrait.

2° Si la torréfaction des cafés poussée plus ou moins loin fait varier la quantité d'extrait.

3° Si l'on peut déterminer au juste, en raison des quantités d'extrait obtenues, la quantité de sucre employée à l'enrobage du café.

Voici les questions qui ont été traitées :

PREMIÈRE QUESTION. — *Les cafés torréfiés fournissent-ils toujours la même quantité d'extrait?*

On sait que les plantes et les parties de plantes fournissent, selon les années, selon le terrain, des quantités d'extrait qui varient pour chaque année : ce résultat a été démontré par un immense travail dû à M. Recluz, qui a fait connaître les résultats qu'il a obtenus de nombreuses expériences,

BIBL. IMPÉR.

résultats qui démontrent ces variations. (*Dictionnaire des drogues*, 1827, t. II, p. 500 à 516.)

Voulant nous assurer si les cafés fournissaient des quantités différentes d'extrait, nous avons opéré sur les cafés dont les noms suivent :

1° Café Moka ; 2° café Bourbon ; 3° café Ceylan ; 4° café Ceylan des plantations ; 5° café Java ; 6° café Java hollandais ; 7° café Porto-Rico ; 8° café Maracaibo ; 9° café Haïti ; 10° café Guadeloupe, Martinique.

Ces cafés ont été traités par l'eau à 100 degrés jusqu'à épuisement complet ; le résidu a été porté à l'étuve et desséché complétement, puis on en a pris le poids.

Nous avons jugé convenable d'agir de la sorte par la raison qu'il est extrêmement difficile d'avoir des extraits toujours également secs, difficulté qui n'existe pas pour les poudres (les résidus épuisés des cafés).

Ces essais, qui sont très longs, car il est difficile d'épuiser les cafés, ont fourni des résultats que nous allons faire connaître dans un tableau, ce qui simplifie l'examen et la constatation des faits observés.

Tableau des résultats obtenus.

DÉNOMINATIONS.	POIDS du résidu p. 25 gr.	POIDS de l'extrait p. 25 gr.	RÉSIDU. [illegible] p. 100 gr.	EXTRAIT. [illegible] p. 100 gr.
Moka	18,77	6,23	75,08	24,72
Bourbon	19,38	5,62	75,52	22,48
Ceylan	18,55	6,45	74,20	25,80
Ceylan (plantations)	18,62	6,38	74,48	25,52
Java	18,66	6,34	74,64	25,36
Java hollandais	18,30	6,70	73,20	26,80
Porto-Rico	18,34	6,66	73,36	26,64
Maracaibo	18,30	6,70	73,20	26,80
Haïti	19,05	5,95	76,20	23,80
Guadeloupe, Martinique	18,00	7,00	72,00	28,00

On voit par l'examen de ce tableau que la quantité d'extrait varie dans les cafés, et que la variation est très grande, puisque le café de Bourbon ne nous a fourni que 22,48 ; tandis que d'autres cafés, le Ceylan, le Java, le Maracaïbo, enfin le Martinique, donnent 25,80, 25,36, 26,80, et jusqu'à 28 pour le Martinique (1).

DEUXIÈME QUESTION. — *La torréfaction des cafés peut-elle faire varier les quantités d'extrait obtenues?*

Les expériences faites pour résoudre cette question ont porté sur quatre échantillons ; seulement, dans l'opération, un des filtres s'étant déchiré, les résultats n'ont pu être établis que sur trois.

Le tableau suivant fait connaître les résultats obtenus :

DÉSIGNATION DES ÉCHANTILLONS.	RÉSIDU obtenu pour 100 parties.	EXTRAIT obtenu pour 100 parties.
Café cuit couleur carmélite clair. .	76,50	23,50
Café un peu plus foncé de couleur.	75,50	24,50
Café laissé un peu plus dans le brûloir.	76,00	24,00

Ces résultats démontrent que le degré de torréfaction du café donne lieu à de légères différences dans les quantités d'extrait et du résidu obtenus.

TROISIÈME QUESTION. — *Peut-on déterminer au juste, en raison des quantités d'extrait obtenues et des résidus laissés, la quantité de matière employée dans l'enrobage?*

(1) Nous pensons que ces expériences doivent être répétées pour savoir si un café Bourbon donnera toujours 22,48 d'extrait pour 100.

On conçoit que ces différences mettent dans un très grand embarras l'expert chimiste chargé de déterminer si un café a été enrobé à 5, 6, 8, et 10 pour 100 et plus.

L'enrobage des cafés n'est pas nouveau. L'enrobage léger, employé d'abord en Belgique et en Hollande, a été mis en pratique, comme nous l'avons dit, à Chartres. L'enrobage est aujourd'hui employé partout, et un grand nombre de personnes préfèrent le café enrobé, parce qu'*il fournit des infusions plus colorées*; parce que *ces infusions mises avec le lait colorent fortement ce liquide, ce que ne fait pas l'infusion préparée avec le café qui n'a pas subi l'enrobage.*

Nous avons pris des cafés enrobés à 5, à 10, à 15 pour 100; nous avons pris du café préparé par MM.......... et du café saisi chez le sieur......, du café enrobé à Rennes à 10 p. 100; nous les avons épuisés à l'aide du mode de faire indiqué plus haut. Par ces expériences nous avons obtenu les résultats que nous consignons dans le tableau suivant :

NATURE DU CAFÉ.	QUANTITÉ de résidu pour 100.	QUANTITÉ d'extrait pour 100.
Café non enrobé.	77,00	23,00
Café enrobé à 5 p. 100.	74,00	26,00
Café enrobé à 10 p. 100.	65,20	34,80
Café enrobé à 15 p. 100.	63,32	36,68
Café enrobé à 10 p. 100, de Rennes, dit de la Compagnie espagnole.	80,00	20,00
Café saisi chez MM. G. et B.	66,12	33,88
Café pris sur les rayons du magasin de M. G.	73,50	26,50

On trouve dans ces résultats de singulières différences. Un café enrobé à Rennes avec 10 p. 100 de sucre n'a donné en résultat que 20 pour 100 d'extrait. On se demande ce que ce café aurait donné s'il n'avait pas été enrobé.

On voit par le résultat de ces expériences :

1° Que les cafés torréfiés ne fournissent pas tous la même quantité d'extrait, et qu'il y a quelquefois des différences assez considérables qui peuvent s'élever jusqu'à 5,48 p. 100, comme on peut le voir dans le premier tableau.

2° Que la torréfaction plus ou moins prolongée du café peut donner des cafés desquels on obtient des quantités différentes d'extrait et de résidu.

3° Qu'il en est de même pour les cafés enrobés, puisque nous trouvons des cafés à 10 pour 100 donnant 20 seulement d'extrait, tandis que d'autres en donnent 26,50, 33,88, enfin 34,80 pour 100.

4° Que les écarts que nous avons constatés pourraient être plus grands dans le café pris dans le commerce. En effet, nous avons agi sur des cafés que nous avons fait dessécher tous à l'étuve avant de les employer à nos opérations.

De tous ces essais, il me semble que l'on ne devra, dans un cas de saisie et de poursuites correctionnelles, statuer sur la quantité de sucre employée dans l'enrobage d'un café qu'en faisant un essai comparatif, examinant la quantité d'extrait que ce café non enrobé fournit, la quantité de résidu qu'il laisse; répétant les mêmes opérations sur le café enrobé, et tirant des conclusions de ces opérations. Déjà nous avons usé de ce mode de faire qui est rationnel.

Reste maintenant à savoir quelle tolérance on laissera pour l'enrobage, qu'on n'a pu empêcher jusqu'à présent, et si cette tolérance sera fixée par l'administration?

En bonne justice, on devrait exiger que, *sous le nom de café, on ne pût vendre que le café pur, et qu'on donnât au café enrobé d'autres dénominations.* Ainsi on dirait : *Café enrobé au sucre à* 6, 8, 10 *p.* 100, selon les quantités employées; *café enrobé à la mélasse de sucre de canne à* 6, 8 *et* 10 *p.* 100; *café enrobé à la mélasse de sucre de betterave à* 6, 8 *et* 10 *p.* 100; *café enrobé à la glycose à* 6, 8 *et* 10 *p.* 100, *ou plus*, si la quantité était plus considérable. Enfin, l'indication de la substance employée et le chiffre réel de la quantité devraient être spécifiés : il n'y aurait plus alors de fraude; mais, selon nous, l'acheteur, sachant ce qu'on lui vend, ne voudrait plus de ces mélanges.

On pourrait encore défendre positivement l'enrobage, et indiquer aux consommateurs qu'ils peuvent colorer leur café avec le caramel ; qu'en le colorant ainsi, ils ne feront que ce que fait le vendeur.

DU CHOIX DES CAFÉS.

Nous nous sommes étendu sur la torréfaction et sur l'enrobage des cafés, mais le choix des cafés à torréfier est d'une grande importance ; il faut pour le faire avoir de l'habitude, et beaucoup de personnes qui achètent le café sont souvent trompées sur son origine et sur sa valeur.

Nous ne voulons pas faire ici une monographie des espèces de cafés que l'on trouve dans le commerce et qui sont nombreuses (1).

Nous dirons seulement que le café le plus estimé est le café *Moka*, mais on en fait peu usage en raison de son prix. D'autres cafés, le Bourbon, le Martinique, sont aussi très appréciés.

D'autres enfin, qui, pour certaines personnes, ont des goûts qui les font repousser, sont admis par d'autres et recherchés par les habitants de certains départements (2).

(1) On trouve dans l'ouvrage intitulé : *Traité des productions naturelles et exotiques*, ou *Description des principales marchandises du commerce français*, 1831, l'indication des treize sortes de cafés dont les noms suivent : café d'Haïti ; café de la Guadeloupe ; café de la Martinique ; café de Porto-Rico ; café de la Havane ; café de Cayenne ; café du Brésil ; café de Bourbon ordinaire ; café de Bourbon vert ou fin jaune ; café de Moka ; café de Java ; café de Sumatra ; enfin café de Manille. Nous avons vu des cafés repoussés à Paris, être achetés par des commerçants du département du Nord qui les préfèrent.

M. Linder nous disait que, au delà du Jura, on recherchait les cafés *marinés*, les cafés qui ont été mouillés par de l'eau de mer. D'après nos essais, il faut avoir mauvais goût pour donner à ces cafés cette préférence.

(2) On nous a demandé si, pour les cafés vendus torréfiés, on ne pour-

Nous nous élèverons ici, autant que nous pourrons le faire, *contre la vente des cafés avariés*, soit par suite de maladie du caféier qui les a produits, soit par suite d'accidents survenus pendant le transport. Des cafés reconnus contenir des graines de café flétries, avortées, des cafés avariés, devraient être détruits par l'ordre de l'Administration.

Ces cafés, recherchés par certains commerçants, deviennent un sujet de fraudes nuisibles à la santé des personnes des classes inférieures, qui ont besoin plus que toutes autres de ne faire usage que d'aliments sains et de bonne qualité.

La vente de ces cafés n'est pas seulement nuisible à la population, elle l'est pour les négociants qui n'achètent pas ces cafés, et qui, vendant des marchandises *saines*, ne peuvent lutter contre ceux qui font des mélanges.

Les cafés avariés par suite de maladie du caféier, ou par suite d'une mauvaise dessiccation (1), sont plus rares que ceux qui sont altérés par suite d'avaries (2). Cependant nous

rait pas exiger du vendeur qu'il *indiquât la nature du café qu'il a soumis à la torréfaction, si c'est* du Ceylan, du Haïti, du Bourbon, etc. Nous n'avons pu répondre à cette grave question, qui doit, avant de recevoir sa solution, être un objet d'études sérieuses.

(1) Dans le siècle dernier, l'abbé Charlevoix, Bligny et Labat reprochaient aux planteurs de livrer au commerce des fèves de caféier non sèches et expédiées avant leur entière dessiccation.

(2) M. Champouillon, en parlant des cafés présentés à l'Exposition universelle, se plaignait avec raison du mauvais arrivage des cafés, de leur chargement sur des navires qui souvent font eau et qui portent à la fois des cuirs, des huiles, des épices, des salaisons ; il établit que les cafés, au lieu d'être expédiés dans des sacs formés de roseaux, devraient être expédiés dans des colis fermés et imperméables. A l'appui de ce que disait M. Champouillon, nous citerons le fait suivant, observé sur des balles de cacao qui voyageaient avec des tabacs : le navire fit eau, les cacaos restèrent en contact avec un macéré de tabac, et lorsqu'ils furent vendus et qu'on en confectionna du chocolat, celui-ci détermina des accidents plus ou moins graves. Nous avons encore été à même d'examiner du café et d'autres substances exotiques qui avaient, pendant un trajet sur mer, acquis l'odeur et le goût de baume de copahu.

avons été à même, avec notre confrère Lassaigne, de constater les faits qui suivent :

En 1855, nous fûmes chargés de l'examen des cafés qui avaient été livrés à l'Administration de la guerre, et qui, de la manutention militaire, avaient été expédiés au camp de Boulogne, où la distribution de ce café excita des plaintes unanimes, plaintes qui nécessitèrent une vérification.

On sut par suite d'une enquête :

1° Que le café qui avait donné lieu à ces plaintes, et qui fournissait une boisson ayant une odeur de *poudrette*, était le résultat de la torréfaction d'un mélange de café d'Haïti et de Ceylan.

2° Que le café d'Haïti qui entrait dans le mélange était de bonne qualité, mais que le café de Ceylan était la cause des justes plaintes des soldats.

3° Que ce café provenait d'un échange fait par un officier d'administration, qui avait donné à un M. L..., en échange de café d'Haïti, du Ceylan dont le goût avait déplu à sa clientèle bourgeoise.

Il fallait rechercher quelle était la cause qui donnait à ce café de Ceylan des propriétés qui le faisaient repousser.

D'investigations faites auprès d'honorables négociants, il ressortit :

1° Que les cafés de Ceylan qui avaient été livrés et qui avaient été la cause des plaintes, avaient été apportés en France par le navire *le Saint-André.* Que ce café contenait deux sortes de grains : les uns, les plus nombreux, de bonne qualité ; les autres, en petit nombre, étaient *rabougris, plus petits que les premiers, d'une teinte rougeâtre, exhalant une odeur désagréable qui permettait de les reconnaître.*

2° Qu'il suffisait d'une très petite quantité de ces grains avariés pour communiquer à un mélange de café torréfié une odeur infecte, qui faisait repousser l'infusion préparée avec ce mélange.

3° Qu'il a été démontré, et nous l'avons constaté, que les bons grains de café de Ceylan, séparés de ces grains altérés, fournissaient un bon produit à la torréfaction (1).

Des renseignements aussi précis nous permirent de faire un tri sur des cafés de Ceylan venus par le *Saint-André*, et d'opérer la séparation des bons et des mauvais grains.

Les négociants que nous avions consultés sur la nature des grains infects attribuaient cette infection, les uns à la *fumure du sol à l'aide de la poudrette*, les autres à une maladie, et à ce que le café provenant des arbres malades avait été mêlé avec les grains de bonne qualité (2).

Des essais, qui furent continués du 3 avril au 4 mai, nous permirent de répondre par les conclusions suivantes aux questions qui nous avaient été posées par M. le juge d'instruction, et qui étaient les suivantes :

1° Le café saisi est-il falsifié ?

2° Est-il corrompu ?

3° Est-il de mauvaise qualité?

4° Quelle est la cause qui le rend désagréable et impropre à la consommation?

(1) Des négociants qui avaient acheté de ce café le firent trier, et vendirent, sans qu'il y eût de plaintes, du café de Ceylan de la même origine.

(2) Le café qui nous arrive de Ceylan et de quelques autres localités, mais plus particulièrement de Ceylan, contient une quantité assez forte de pierres qui ne peuvent être introduites dans le café *par inadvertance, et qui sont, selon nous, le résultat d'un mélange frauduleux*. Il serait facile de faire cesser cette addition en faisant trier le café à l'arrivée et en faisant supporter la perte au premier vendeur.

Il n'est rien fait de cela ; le café est vendu tel, et beaucoup d'épiciers, pour ne rien perdre, broient la pierre et le café. On trouvera, dans les rapports du Conseil de salubrité, le fait d'une dame qui, ayant reconnu dans son café des matières blanches, fut malade de peur : elle signala l'épicier comme un empoisonneur ; mais on constata que ces matières blanches étaient dues à de la pierre qui avait été broyée avec le café et qui était inerte.

Des expériences et observations que nous avons faites (4 mai 1855), il résulte :

1° Que les divers échantillons de café torréfié, en grains et moulu, que nous avons prélevés sur les sacs déposés dans les magasins de la manutention militaire du quai de Billy, ne proviennent ni de *cafés falsifiés, ni de cafés corrompus.*

2° Que les mauvaises qualités que l'examen a permis de constater, sont dues à ce que le café Ceylan, qui s'y trouve dans une certaine proportion, renferme des grains altérés dans leurs propriétés physiques ; que c'est la présence de ces grains qui est la cause de la saveur désagréable et du mauvais goût qui caractérisent les cafés livrés à la troupe du camp de Boulogne.

3° Que dans notre opinion, et suivant les observations relatées dans ce rapport, cette altération doit plutôt être attribuée à une maladie des grains, analogue à celle qui se développe sur un certain nombre de végétaux, qu'à une avarie du café après sa récolte ou dans son mode de conservation, ou pendant son transport en Europe (1).

4° Qu'il aurait été possible, par un triage convenablement fait sur les grains non torréfiés, ainsi que nous l'avons effectué, de séparer les mauvais grains altérés des bons grains, et de rendre à ce produit alimentaire ses qualités premières.

Le mélange du café de Ceylan contenant des grains altérés avec le café d'Haïti, fut le sujet d'un procès : l'officier comptable qui avait fait échange de café avec le négociant, et ce négociant, furent traduits devant la cour d'assises du Pas-de-Calais, le 7 juin 1855, mais ils furent acquittés.

(1) On voit que nous n'admettons pas que la fumure du sol ait été pour quelque chose dans le cas dont il s'agit. Si cette fumure avait eu de l'effet, tous les grains, et non quelques-uns, eussent offert les mêmes propriétés.

Le café Ceylan mêlé, apporté en France par le *Saint-André*, fut le sujet d'une foule de tracasseries commerciales. La quantité en était considérable, puisqu'on la fixait à 1800 balles répandues dans le commerce. Il était livré à l'épicier ; mais à peine celui-ci avait-il torréfié *une broche* de ce café, que le public auquel il le livrait le lui rapportait en lui faisant des reproches mérités.

Malgré tous ces inconvénients, tout ce café, sauf quelques centaines de kilogrammes qui avaient été saisis, et que nous fîmes jeter à la Seine, fut vendu, soit à la population parisienne, soit à des habitants de quelques départements du Nord, où on l'avait expédié, la police étant trop sévère à Paris.

La vente des cafés mérite de fixer l'attention de l'Administration, car de la réglementation de cette vente dépendra la bonne qualité des cafés livrés au public. C'est à M. le Ministre des travaux publics, c'est à MM. les membres du Comité d'hygiène attachés près de M. le Ministre, qu'incombe la prescription de mesures qui n'ont pas été prises jusqu'ici, mesures qui font que les bons cafés sont souvent mêlés de mauvais, et que ces mélanges sont livrés au public au détriment de sa bourse et de sa santé.

Nous allons, dans le moins de mots possible, faire connaître l'état de la question. Dans les ports où se fait en général l'arrivage des cafés, Bordeaux, le Havre, Marseille, Nantes, *on met en vente publiquement et avec réduction de droits des cafés dont la qualité est très inférieure, et même quelquefois négative, tant l'avarie est prononcée.* Ces cafés étant achetés, ils sont revendus.

Les avaries peuvent être plus ou moins graves en raison des causes; aussi a-t-on classé de la manière suivante les cafés avariés :

Cafés touchés, cafés de petite avarie, cafés de grande avarie.

Les premiers sont ceux qui sont contenus dans des balles

dont les angles ont été plus ou moins mouillés par de l'eau de mer.

Les seconds sont ceux qui, dans le transport, ont été plus ou moins mouillés.

Les troisièmes sont ceux qui, par suite d'*accidents de mer*, sont complétement imprégnés d'eau de mer. On conçoit que souvent ces cafés ainsi mouillés s'échauffent, fermentent, se détériorent plus ou moins, enfin perdent de leur valeur.

On remédie en partie à ces changements d'état, pour les premiers, en faisant ce qu'on appelle *une seule toile*, c'est-à-dire qu'on les déballe, qu'on les mélange bien uniformément, et qu'on les vend comme café de bonne qualité, ce qui est un abus ; on devrait enlever les grains avariés, et ne vendre les cafés de cette provenance qu'après qu'ils auraient subi un triage loyalement fait.

Pour les seconds, on enlève avec une assiette les grains les plus altérés, on mêle ensuite le reste, et on le livre à la consommation, après avoir opéré ce *faux triage*.

Pour les troisièmes, les cafés de grosse avarie, qui sont imprégnés d'eau salée et qui ont séjourné assez longtemps dans cette eau, on est obligé de les laver à grande eau, c'est-à-dire de les laisser tremper longtemps dans l'eau ordinaire qui dissout le sel, eau qu'on renouvelle à plusieurs reprises. Ces cafés sont ensuite séchés et remis en balles.

Ces cafés ont presque toujours un goût désagréable, même après la torréfaction.

Il y a encore des cafés qui ont été avariés par l'eau douce; ces avaries peuvent être plus ou moins grandes, selon les circonstances qui les ont produites.

Dans divers cas, nous avons été à même de voir que les cafés de grosse avarie étaient employés. Ils sont surtout recherchés depuis qu'il a été défendu de mettre de la chicorée dans le café. Il nous est arrivé, dans les visites des magasins d'épiceries, de questionner le vendeur sur le prix de son café, et comme le prix était inférieur au prix du bon café, qu'il ne contenait pas de chicorée, celui-ci nous répondait : « *Comme il faut soutenir la concurrence, nous achetons les cafés avariés et nous en mêlons une quantité plus ou moins grande avec du bon café.* »

Les négociants de l'ordre le plus élevé regardent comme *un fléau* la vente de ces cafés avariés vendus publiquement et qu'on ne peut saisir, puisqu'ils ont été achetés pour ce qu'ils sont, et que si on les a achetés, on peut les revendre. Il serait heureux qu'une réglementation intervînt relativement à ce genre de marchandise, et que tout le café avarié fût détruit ou livré à des chimistes pour en extraire la caféine.

Un des négociants que nous avons consultés nous écrivait : « *J'ai jusqu'à présent vendu des cafés purs et exempts de tout » mélange ; mais je me vois, par les concurrences qui me sont » faites, forcé de renoncer à mon commerce, ou de faire comme » tout le monde, etc., etc.* »

L'Administration, pour faire cesser cet état de choses, pourrait consulter les négociants en café sur les inconvénients qui résultent de la vente des cafés avariés, et sur ce qu'il y aurait à faire à cet égard. Voici d'ailleurs notre opinion :

1° A l'arrivée, tous les cafés avariés seraient triés avec soin, tout ce qui serait reconnu altéré serait détruit, à moins qu'on ne leur trouvât un usage industriel.

2° L'Administration ferait surveiller le triage, et mettre à part ou détruire le café altéré séparé de celui qui ne l'est pas.

On nous a objecté que cette opération causerait une perte à l'État. Nous ne le croyons pas ; nous croyons au contraire qu'il y aurait avantage dans ce mode de faire pour le trésor public (1). En effet, le café avarié, ou dit avarié, se vend avec réduction de droits ; si ce café était détruit, comme il faudra

(1) Le café paye un droit d'entrée de 50, 60, 78 et 105 fr. les 100 kilogrammes, selon qu'ils proviennent de nos diverses colonies ou de l'étranger.

toujours une même quantité de café pour la consommation, le café avarié serait remplacé par d'autre qui payerait le droit entier.

DE L'ACTION DU CAFÉ SUR L'ÉCONOMIE.

Les opinions émises sur l'action du café sont nombreuses. Les plus répandues établissent que l'infusion de café, quand elle est convenablement préparée, est un stimulant énergique. D'après M. Champouillon, l'action de ce breuvage sur nos organes n'en laisse aucun indifférent ; l'estomac éprouve une sensation de bien-être qui se propage bientôt dans toute l'économie ; la digestion et l'assimilation en reçoivent une activité spéciale ; la respiration s'accélère, le pouls acquiert de la force et de la fréquence ; la peau devient chaude et humide. Toutes les facultés qui dérivent du dynamisme cérébral participent de leur côté à cette action énergique : aussi l'action musculaire rehaussée communique aux mouvements une sûreté et une vigueur inaccoutumées ; l'économie se dégage du collapsus dans lequel la plongent les chaleurs ou les fatigues excessives ; l'imagination s'épanouit, la mémoire se ravive, les idées naissent sans effort. Enfin, le café paraît être l'aliment matériel de l'intelligence.

Si, d'un autre côté, nous considérons ce qui a été écrit par M. de Gasparin sur le café considéré comme aliment, on voit qu'il jouit de la propriété de soutenir les forces physiques des hommes soumis à de rudes travaux, à des marches fatigantes : il a cité ce qui a été observé sur les ouvriers mineurs de la Belgique. Nous pourrions, à notre tour, rappeler ce qui a été observé sur nos soldats : ceux qui ont porté le drapeau français sur le sol de la Syrie recevaient du café plusieurs fois par jour, et ils s'en trouvaient très bien (1).

(1) Lettre de M. Ernest Peschelle de Saint-Sardos, écrite de Beyrouth pendant l'occupation. Depuis, ce militaire nous a fait connaître qu'il prenait quelquefois par jour un litre d'infusion de café. On sait en outre

Cette action alimentaire du café donne une explication de la sobriété des peuples qui consomment une très grande quantité de café, qui supplée à l'usage d'autres aliments.

Les observations de M. de Gasparin, qui ont été publiées il y a quelques années (1), ont démontré que le café jouit de la propriété de rendre plus stables les éléments de notre organisme, de sorte, comme le dit M. Payen, *que s'il ne peut pas nourrir lui-même davantage, il empêche de se dénourrir, ou diminue les déperditions.*

DE LA PRÉPARATION DU CAFÉ LIQUIDE.

La préparation du café liquide varie dans la plupart de nos ménages : les uns font une décoction légère, les autres une infusion, d'autres font servir le marc du café qui provient de l'infusion pour faire une décoction à l'aide de laquelle on fait ensuite une infusion ; d'autres enfin font un macéré de café qui, séparé du marc par pression, puis chauffé convenablement, constitue une assez bonne préparation.

M. Payen, dans son ouvrage des *substances alimentaires*, dit qu'afin d'obtenir la plus grande partie de l'arome, il faut effectuer rapidement la filtration de l'eau bouillante sur le café récemment moulu, dans la proportion de 100 à 120 grammes pour un litre d'eau ; par cette filtration d'un seul litre d'eau bouillante sur 100 grammes de café torréfié jusqu'à la couleur rousse, 25 grammes de substance solide passent dans l'infusion.

qu'il y a des distributions de sucre et de café faites aux troupes dans la proportion de 21 grammes de sucre par jour et de 16 grammes de café. Le café est du café torréfié et en grains.

Nous avions demandé des renseignements à notre collègue M. le baron Larrey sur le café, il a bien voulu nous faire communiquer par M. le docteur Martin les notes que nous donnons à la fin de ce travail (page 60) comme pièces justificatives.

(1) *Note sur le régime alimentaire des mineurs belges* (*Mémoires de l'Institut*, 1850, t. XXX, p. 397).

M. Payen a fait ressortir la nécessité, dans ce cas, de prendre du café bien torréfié, mais qui ne soit pas brûlé; il dit qu'avec 100 grammes de café torréfié jusqu'à la couleur rousse, on peut obtenir 25 grammes de substances extractives; que torréfié jusqu'à ce que le café ait pris une couleur marron, on n'obtient alors que 19 grammes de matière solide.

Dans le premier cas, un litre d'infusion contient de 5 à 6 grammes de matière azotée, dans le second, il n'en contient que 4gr,53 (1).

La méthode que nous conseillons de mettre en pratique pour la préparation de l'infusion est la suivante:

Sur le marc provenant de 100 grammes de café qui a servi à une première infusion, on versera un litre d'eau bouillante, on laisse ensuite en macération. La macération terminée, on sépare le macéré, on le porte à 100 degrés, et l'on s'en sert pour faire une infusion avec 100 ou 120 grammes de bon café.

Cette infusion présente de l'avantage sous le rapport de la coloration, coloration qui n'est pas nécessaire pour que le café soit bon, mais qui est maintenant *presque une nécessité*, nécessité qui, comme nous le dirons plus tard, a donné naissance à une foule de mauvaises préparations et à des fraudes sans nombre (2).

(1) L'analyse du café a fait voir qu'il est composé pour 100:

1° De cellulose, 34; 2° d'eau hygroscopique, 12; 3° de substances grasses, de 10 à 13; de glycose, de dextrine, d'un acide végétal indéterminé, 15,5; 4° de légumine, caféine, 10; 5° de chloroginate de potasse et de caféine, de 3,5 à 5; 6° de chloroginate azoté, 0,3; 7° de caféine libre, 0,8; 8° d'huile essentielle concrète insoluble, 0,001; 9° d'essence aromatique à odeur suave, 0,002; de substances minérales, potasse, magnésie, chaux, acides phosphorique, silicique et sulfurique, chlore, 6,697.

Rochleder et Platt donnent à l'acide chlorogénique de Payen la dénomination d'acide caféique.

(2) Le café obtenu dans des cafetières de porcelaine est plus agréable au goût que celui préparé dans des cafetières de fer-blanc, qui lui donnent une saveur désagréable.

Un autre procédé consiste à mettre le café dans une cafetière à filtre, à le presser, à verser une très petite quantité d'eau froide, puis au bout de quelques minutes à verser l'eau bouillante. (Chevallier fils.)

On obtient avec le café diverses préparations.

Nous avons souvent préparé *un sirop de café* qui, en voyage, a été utilisé avec avantage et par nous-même, et par des voyageurs qui étaient assurés d'avoir un produit pur, et qui ne contenait rien autre chose que du café.

On prépare une liqueur excellente en prenant les substances suivantes et les mêlant :

Un demi-litre d'une infusion de café bien préparée ;

Un demi-litre d'alcool de bon goût à 33 degrés;

Un demi-litre de sirop de sucre bien cuit (1).

On mêle, on filtre et on conserve pour l'usage.

Cette liqueur de café est colorée, mais on peut en préparer une qui est incolore en faisant usage de l'eau distillée de café moka, du sirop de sucre et d'alcool ; pour que cette liqueur soit plus agréable, on fractionne les produits obtenus par la distillation.

DES SUCCÉDANÉS DU CAFÉ.

Le haut prix du café pendant la guerre continentale a donné l'idée à diverses personnes de rechercher quelles seraient les substances qui pourraient remplacer le café.

Nous allons par un tableau chronologique indiquer ce qui a été fait sur ce sujet.

Tableau indiquant quels ont été les succédanés du café et les dates et l'époque auxquelles ces succédanés furent proposés.

1761. — Le café de petit houx, *Ruscus aculeatus*, fut mis dans le commerce par Dambourney.

1772. — Le café de fèves, de haricots, de semences de rubia-

(1) Le sucre employé pour le sirop doit être pur et sans goût.

cées, fut proposé. Plusieurs fabricants allemands et hollandais, manquant, en 1772, de chicorée, préparèrent du café avec les fèves, les haricots et avec des semences de rubiacées.

1785. — Le café de riz, d'orge, d'amandes et de sucre fut vendu par Frenchard sous le nom de *Café de santé*.

1789. — Le café de sarrasin, *Polygonum tartaricum* [illegible], fut proposé par le docteur Romain qui présenta les semences de sarrasin comme pouvant remplacer le café.

1795. — Le café de seigle fut indiqué dans la *Feuille du cultivateur*. Ce café était préparé avec de la semence de bonne qualité et bien triée.

1795 et 1799. — Le café de glands fut proposé : le *Publiciste de Saint-Pétersbourg* annonça que l'Académie des sciences avait trouvé un succédané du café ; ce succédané n'était que le gland moulu, torréfié, puis enrobé avec le beurre pendant la torréfaction.

1800. — Le café de genêt fut recommandé. M. Duchesne a fait connaître dans le *Dictionnaire de l'industrie*, la préparation de ce café avec le genêt commun torréfié et moulu.

1808. — Café de glands. M. Legras (de Bruxelles) prit un brevet pour la préparation d'un café avec les glands privés de leur enveloppe, macérés pendant plusieurs jours, séchés puis torréfiés ; il faisait entrer dans ce café de la poudre de racine de fougère, de girofle, de l'essence de térébenthine, de la mélasse, de la feuille de menthe pulvérisée.

1810. — M. Legrand fit breveter un café de marrons dans lequel il entrait des marrons, de la carotte rouge, des roses de Provins, de la racine d'angélique, des fleurs de marjolaine, des écorces d'oranges amères. Ce café ressemblait plutôt à un médicament qu'à du café.

1811. — Guyton de Morveau présenta à la Société d'encouragement un café préparé avec les semences du glaïeul jaune des marais, *Iris pseudo-acorus*.

Ce savant, d'accord avec M. Skrimshire, savant anglais, déclara que de tous les succédanés du café, cette préparation était la plus agréable.

1812. — M. Cal prit un brevet pour la préparation d'un café avec 2 kilogrammes de blé torréfié et moulu, additionné de 1 kilogramme de mélasse ou de sirop de raisin.

1812. — Un chimiste nommé Lampadius proposa comme succédané du café un mélange composé de châtaignes, de betteraves et d'olives (1).

1813. — François de Neufchâteau, fit un café avec de la bette-

(1) On trouve les procédés de fabrication de tous ces cafés dans le *Moniteur des hôpitaux*, 1853.

rave rouge bien lavée, ratissée, séchée et rôtie ; mais il mêlait la poudre obtenue au café dans la proportion de deux tiers de la poudre de betteraves et d'un tiers de café.

1814. — M. Baretti prépara un café de la manière suivante : il prit le fruit du buis, avant l'expression des pepins, il le fit sécher pour en conserver les capsules internes amenées à un état de siccité convenable ; ces capsules étaient ensuite traitées comme le café.

Le buis entier donne, dit-on, une liqueur plus agréable que celle obtenue avec les pepins seuls, elle est plus aromatique.

M. Baretti employait son café de buis mêlé à un peu de café.

1818. — M. Baumann (de Strasbourg) prépara un succédané du café avec de la carotte rouge, de la betterave et des amandes, le tout convenablement torréfié et moulu.

1824. — M. Baillard vendait sous le nom de *petit café*, des semences de froment torréfiées et moulues.

1825. — Un M. Kait eut la bizarre idée de présenter comme succédané du café un mélange de seigle, d'œufs et de peau de morue ; on torréfiait le seigle, lorsqu'il était refroidi, on ajoutait trois œufs par kilogramme, on mêlait ces substances en y ajoutant une petite quantité de peau de morue torréfiée.

Ce café était, dit-on, en usage et apprécié aux États-Unis.

1826. — M. Ravie présenta, sous le nom de *café des dames*, un café composé de châtaignes réduites en poudre, châtaignes auxquelles on mêlait du café moka.

1826. — On proposa un café dit café d'astragale (*Astragalus bœticus*). Le café d'astragale a été proposé par Bayrhommer (de Wurtzbourg), il le préparait d'après les deux formules suivantes : 1° astragale grillé 125 grammes ; 2° astragale non grillé 64 grammes, café martinique 64 grammes ; 3° café 105 grammes, astragale grillé 15 grammes ; 4° café 90 grammes, astragale grillé 30 grammes.

Une société qui goûta le café préparé avec ces mélanges déclara :

1° Que l'astragale seul, comme café, est trop aromatique ;

2° Que le meilleur des cafés est celui préparé avec l'astragale grillé avec le café ;

3° Que le mélange par moitié donnait le meilleur liquide ;

4° Que le mélange d'un huitième d'astragale dans le café ne change rien au goût et au parfum de la fève du café.

5° On ne pourrait mêler un sixième d'astragale au café, ce qui donnerait lieu à une économie.

1829. — *Café de santé de la Trinité.* — M. Hough Delboghe fit connaître, comme étant de son invention, le mélange suivant : riz caroline 4 kilogrammes ; chicorée 3 kilogrammes ; café moka 1 kilog. 750 grammes ; pois de florence 750 grammes ; on mêle le tout, après la torréfaction, on moud, puis on ajoute : sucre de lait 250 grammes, et on incorpore au tout : huile d'olive surfine 360 grammes, avec le riz, la chicorée et le sucre de lait, on passe au tamis.

1833. — *Café de betteraves.* — M. Demony Perrias, préparait un produit appelé café, en faisant sécher de la betterave coupée en tranches dans une étuve ; une fois bien sèche, il la mettait en poudre fine. En 1833, il employait 20 parties de pulpe de betteraves, résidu de la fabrication du sucre, et 10 parties de betteraves desséchées, ce qui donnait lieu à un café moins sucré (1).

1836. — *Café de pulpe de betterave.* — L'auteur d'une *Instruction* sur la fabrication du sucre de betteraves, disait que l'on pouvait employer la pulpe de betterave torréfiée, pour faire un café analogue à celui de chicorée. On la mêle avec un quart de café et on moud le tout après torréfaction en faisant usage d'un moulin ordinaire.

1836. — *Café indigène.* — M. Lecoq (de Clermont-Ferrand) fit un café indigène en torréfiant le maïs, le réduisant en poudre.

1837. — *Café indigène Buriet.* — La préparation était faite avec fèves 30 grammes, cacao 15 grammes, orge mondé 20 grammes, avoine 15 grammes, châtaignes 20 grammes.

Le tout torréfié et moulu, puis aromatisé avec de la cannelle, de la menthe, de la mélisse en petite quantité selon les goûts.

1837. — *Café de gruau.* — Regnier fit torréfier et moudre du gruau pour le faire employer comme succédané du café.

Café indigène Moulinet. — Ce café était préparé avec : [illegible] 40 grammes, vulnéraire 45 grammes, safran 8 grammes, [illegible] 125 grammes, orge torréfiée 500 grammes, glands torréfiés 500 grammes, café martinique 500 grammes, soit 2 kil. 252 grammes.

On voit que la préparation Moulinet pourrait être considérée plutôt comme un [illegible] que comme pouvant remplacer le café.

1839. — M. Oberwalk signala l'emploi de seigle torréfié comme succédané du café, succédané qui était déjà connu.

1841. — M. Dupuy préparait du café en ajoutant à du gland torréfié un quart de chicorée, un quart de café.

1842. — MM. Chausson et Ledos ont fait connaître divers mélanges pour café : 1° seigle 15 kilogrammes, miel 1 kilog. 50 grammes, eau-de-vie un demi-décilitre, ajoutant le miel et l'eau-de-vie pendant la torréfaction ; 2° betteraves séchées au four 15 kilogrammes, miel 1 kilogramme, eau-de-vie un demi-décilitre. On torréfie la betterave mêlée au miel et additionnée d'eau-de-vie ; 3° ri-

(1) Payen (*Annales de chimie*, t. LXIX, 1836), dit qu'en Hollande un individu qui avait planté des betteraves, en avait utilisé une partie pour faire du café de betteraves. Il dit aussi que les navets, les panais et une infinité d'autres substances végétales pourraient servir au même usage.

cine de chicorée 18 kilogrammes, miel 1 kilog. 500 grammes, un décilitre d'eau-de-vie.

Ces industriels disent qu'on peut remplacer la chicorée par les féveroles, le blé, l'orge, les pois chiches, le gland, la châtaigne.

1843. — MM. Allain et Leduc prirent un brevet pour faire un café avec du seigle et de la carotte, ils ajoutèrent à ces substances une certaine quantité de chicorée; le mélange était le suivant : chicorée 30 parties, carottes 20 parties, seigle 50 parties.

1845. — M. Glinet prit un brevet pour le café africain qui n'était autre chose que du seigle trempé dans de la bierre, séché et torréfié.

1845. — MM. Lepelletier et Bollard donnaient le nom de café au thé et à un mélange de thé, de *riz caroline* et de *capillaire torréfiés*.

1847. — M. Becque donnait ce nom à un mélange de seigle, de chicorée et de café martinique torréfiés.

1848. — M. Vermoret signala comme succédané du café, les marrons d'Inde passés à l'eau salée bouillante ; ces marrons étaient ensuite *séchés au feu torréfiés, puis moulus*.

1849. — M. Marsais (Paul) fit breveter l'emploi de la carotte rouge et jaune, torréfiée comme succédané du café ; ce brevet n'avait rien de particulier, car déjà la carotte avait été indiquée dans le même but, mêlée, il est vrai, à d'autres substances, et signalée comme étant propre à faire un succédané du café (1).

1848. — M. Tardy donna le nom de *café des pauvres* à une préparation torréfiée et moulue, obtenue avec des cossettes de betteraves desséchées, ce produit, comme on le voit, n'avait rien de nouveau, et aurait pu s'appeler *pauvre café*.

1848. — M. Despretz prit un brevet pour mélanger le blé torréfié au café martinique aussi torréfié, ce mélange n'avait rien de nouveau.

1849. — M. Honoré prit un brevet pour la préparation d'un soi-disant café participant de la chicorée, des pois-chiches, des haricots, des glands, des semoules et du café ; le tout torréfié et moulu.

M. Lequien prit un brevet pour la préparation d'un mélange fait avec les pois-chiches, les semoules, les glands, le café, la gomme. Il modifia ensuite cette préparation et ajouta aux substances

(1) Payen dit (*Annales de chimie*, t. LXIX, p. 312). La racine de chicorée n'est pas la seule substance employée pour altérer le café en diminuer la bonté ainsi que le prix. Les semences de fèves, de pois, de lupins sont souvent employées ; la culture en grand de ces derniers est même pratiquée dans les environs de Mons, de Bruxelles pour cet usage. Dans les fabriques où l'on prépare la chicorée pour la substituer au café, on se sert indifféremment des racines de carottes et même de betteraves.

énoncées plus haut, de la mélasse, du rhum et un peu de sucre candi.

Café de dattes. — On a fait une préparation avec les noyaux de dattes que l'on voulait substituer au café.

Cette liqueur assez agréable à prendre n'avait cependant pas l'arome si apprécié du café. Elle ne jouit pas des propriétés excitantes de la fève du caféier.

Café des dames. — On a donné ce nom à des châtaignes sèches, torréfiées et réduites en poudre.

Café-chicorée. — Les falsifications les plus nombreuses qui ont été faites du café, ont eu pour base la *chicorée torréfiée*, dont l'emploi a été et est encore considérable, chicorée qu'on a baptisée à tort du nom de café.

Si l'on remonte à ce qui se rapporte à ce produit, on voit que vers 1774, Valmont de Bomare disait : *que quelques personnes tiraient une espèce de café en prenant des racines de chicorée sauvage, les nettoyant, les partageant en quatre, les faisant sécher, les torréfiant et les réduisant en poudre.*

Si l'on étudie l'histoire de la fabrication, on voit qu'en 1772, plusieurs Allemands et Hollandais établirent dans leur pays des fabriques de chicorée torréfiée.

Vers 1801, le prix du café étant très élevé, Orban (de Liége) et Giraud apportèrent en France l'industrie de la fabrication de la chicorée. Orban établit sa fabrique à Liége et Giraud à Onnaing.

A cette époque ces deux villes étaient sous la domination française.

En 1814, lorsque la Belgique cessa d'appartenir à la France, Orban vint s'établir aux environs de Valenciennes ; il commença dans notre pays la fabrication de la chicorée torréfiée dit café-chicorée, fabrication qui prit une extension considérable, l'usage de la chicorée torréfiée en ayant fait une denrée de première nécessité.

On a aussi essayé pendant le blocus continental de faire usage, comme succédané du café, du *Cyperus esculentus*, de la pistache de terre, *Arachis hypogæa*, du gratteron, *Galium aparine*, de la fougère mâle, *Polypodium filix mas*, de [illegible].

DES FALSIFICATIONS DU CAFÉ.

A l'emploi des succédanés du café a succédé la falsification du café, et cette falsification est telle qu'elle a corrompu le goût ; en effet, autrefois on prenait un café liquide d'une couleur blonde, aujourd'hui il faut, à la plus grande partie du public, un café noir, épais, qui, pour nous, n'est plus du café.

La falsification a lieu : 1° sur le café en grain et qui est torréfié ; 2° sur le café torréfié et moulu.

La falsification du café en grain a été démontrée de la manière la plus évidente ; on a su que des fabriques de faux cafés existaient dans diverses villes de France. De faux grains de café étaient préparés à l'aide de moules artistement faits, puis ils étaient mêlés au café ; de ces cafés étaient préparés à Lyon, d'autres à Paris, rue Mouffetard ; nous avons dans nos pièces des rapports faits après la saisie de ces cafés rue de l'Ile-Saint-Louis, chez le sieur N... et chez les sieurs L... et L..., rue de Charonne. Les conclusions d'un de ces rapports sont les suivantes : on voit par tout ce qui précède, 1° que les grains extraits du café vendu au sieur Potel, sont des grains confectionnés avec une pâte féculente torréfiée, pâte préparée par un sieur H... (de Lyon), qui a qualifié cette préparation de *moka hygiénique* ; 2° que le café vendu par le sieur L...., à la dame Deleup, contient de ce faux café (1) ; 3° que les grains séparés par le commissaire de police, du café qui était en la possession d'un sieur Dewismois, étaient des grains de faux café ; 4° que la vente du café exotique mêlé de faux café, est une fraude, puisque l'on substitue au café exotique un produit d'une valeur moindre ; 5° qu'il est fâcheux que l'administration ait délivré un brevet pour la préparation d'un mélange informe dont les composants ne sont pas indiqués d'une manière précise ; 6° que la délivrance de ce brevet servira la fraude, car le produit breveté en grains ne peut, selon nous, être utilisé qu'en le mêlant avec le produit exotique ; en effet, les macérations, infusions, décoctions que nous avons préparées avec le faux café, ont la plus grande ressemblance avec celles que l'on obtient avec les croûtes de pain torréfiées.

(1) De semblables brevets, quoiqu'ils ne garantissent rien, ne devraient être accordés qu'après avoir consulté, soit l'Académie impériale de médecine, soit le Comité d'hygiène, soit le Conseil de salubrité.

Toutes ces falsifications furent déférées aux tribunaux qui en firent justice.

Un sieur N... qui avait vendu du faux café, sur la plainte d'un sieur Baril qui s'était trouvé indisposé pour avoir fait usage de ce café, fut condamné à trois mois de prison et 50 francs d'amende.

Lors de cette condamnation, un préparateur de faux café se crut en droit d'écrire la lettre suivante au rédacteur du *Constitutionnel*.

Monsieur,

J'ai lu dans votre journal du 9 mars 1852, un article où vous signalez un nouveau genre de fraude introduit, dites-vous, dans le café en grains torréfié, et qui aurait été trouvé chez divers négociants tenant la spécialité des cafés.

Possesseur de brevets d'invention et de perfectionnement (1) *approuvés par de hautes sommités médicales, pour la fabrication de mon café, j'en ai vendu à divers négociants de votre ville qui le mélangent avec le café des îles, sur la demande des consommateurs, car ce café, loin de nuire à la santé, apporte dans l'hygiène ordinaire de la vie une amélioration considérable par son emploi. Par un mélange avec le café colonial, n'ayant aucune intention de tromper le public, je poursuivrai la malveillance et toute contrefaçon.*

Je viens donc, monsieur le rédacteur, vous prier de vouloir bien insérer ma lettre dans votre plus prochain numéro, afin de rectifier une erreur qui pourrait jeter quelques craintes parmi les consommateurs, et de la défaveur sur les maisons qui en font la vente.

Agréez, etc.

Cette lettre ne prouvait rien, car l'un des vendeurs, le sieur N... avait été condamné par les tribunaux; de plus, si ce faux

(1) On a constaté que le mélange de café en grains était composé : 1° de café exotique, 700 grammes ; 2° de faux café, 300 grammes.

café était médicamenteux, il ne pouvait être vendu, car le vendeur eût été passible des peines qui frappent la vente des remèdes secrets.

Nous avons eu la curiosité de connaître la description du brevet accordé pour la préparation du faux café, brevet dont on devait poursuivre les contrefacteurs. Nous trouvâmes qu'il était pris pour la préparation d'un mélange : 1° de pois chiches, 2° de seigle, 3° de glands, 4° de café des colonies, 5° de chicorée, 6° de maïs, 7° de semoule, et que dans le brevet on ne donnait aucune proportion de chacune des substances indiqués (1).

On voit que dans cette préparation il n'y avait rien de nouveau, le seigle, les glands, la chicorée, les pois chiches, le maïs, avaient déjà été employés dans les préparations succédanées du café.

Les grains de faux café, quoique simulant le café, diffèrent du vrai café par leur friabilité, leur cassure, et par la manière dont ils se conduisent lorsqu'on les met en contact avec de l'eau froide ou chauffée.

La falsification du café moulu s'est exercée sur une grande échelle. Nous avons déjà dit que cette falsification était particulièrement pratiquée à l'aide de la chicorée, et la plupart des épiciers vendaient sous les noms de café n° 2 ou n° 3 un mélange de 434 de café et de 66 de chicorée. D'autres, dont la conscience était plus large, employaient une plus grande quantité de chicorée. D'un rapport fait sur treize échantillons saisis chez des épiciers, il résulte que deux de ces industriels mêlaient 9 p. 100 de chicorée dans leurs cafés; deux autres, 10; un, 12; un, 14; deux, 15; deux, 16; deux, 20.

Les raisons, que donnaient les épiciers pour justifier l'in-

(1) Ces matières étaient réduites en pâte à l'aide de l'eau, puis elles étaient moulées de manière à imiter les grains du café desséché, puis torréfiées légèrement.

troduction de cette substance dans le café, étaient les suivantes :

Que ce mélange, en usage dans la capitale, est dû à ce que le client veut avoir un café qui ait une forte couleur qu'il puisse communiquer au lait ; que le café additionné de chicorée n'était pas une fraude ; qu'on ne le vendait que 1 fr. 60 ; qu'à ce prix on ne pouvait vendre du café pur ; que succédant à d'autres épiciers, ils n'avaient pu faire autrement que leurs prédécesseurs ; que l'usage de la chicorée était une mesure utile aux consommateurs et non une fraude, puisque son usage avait fait repousser celui qu'on faisait :

Des cafés avariés qui entraient dans les cafés à 1 fr. 60 ;

Celui plus récent des cafés enrobés à l'aide de la mélasse, lors de la torréfaction, cafés qui sont préparés avec 2 kilogrammes de mélasse pour 10 kilogrammes de café ; que les clients savaient qu'en payant 1 fr. 60 le café, ils n'avaient pas du café pur, mais du café mêlé de chicorée ; que lorsqu'on livre du café pur on ne le trouve pas bon, et qu'il ne fournit pas une infusion convenablement colorée pour le café au lait ; que souvent le mélange se fait devant l'acheteur, qui a connaissance de ce qu'il a acheté ; qu'il est impossible de vendre comme on le fait du café à 1 fr. 60, les cafés qu'on achète coûtant 1 fr. 35 à 1 fr. 45, et perdant le cinquième de leur poids par la torréfaction.

Le Conseil de salubrité, qui avait été consulté, n'a pas dû tenir compte de toutes ces observations. Le client pouvant acheter séparément le café, puis la chicorée torréfiée, il a émis l'avis « que le café doit être vendu pur, et que la vente » du café allongé de chicorée doit être considérée comme une » tromperie sur la nature de la marchandise vendue. »

Les tribunaux ont adopté cette opinion, et un grand nombre de débitants ont été et sont journellement condamnés à l'amende et quelquefois à la prison, par suite de cette falsification.

RÉSULTAT DES POURSUITES JUDICIAIRES OU ADMINISTRATIVES INTENTÉES CONTRE LES MARCHANDS FALSIFIANT LE CAFÉ. — *Répression des fraudes dans la vente des cafés.*

Cafés mélangés de chicorée sans indication du mélange.	Plus de deux cent cinquante condamnations depuis que des poursuites sont dirigées activement.
Cafés mélangés de chicorée, avec indication du mélange sans en faire connaître les proportions.	Condamnation, appel confirmatif. (Affaire G....., décembre 1858.) Condamnation, appel, renvoi. (Affaire B....., 3 juin 1858.) Ce n'est pas le fait matériel du mélange, mais seulement l'*intention frauduleuse que le tribunal* prend en considération.
Cafés mélangés de tonish sans indication du mélange.	Plusieurs condamnations en 1858 et 1859.
Cafés mélangés de caféide sans indication du mélange.	L..., condamné, six jours de prison, 50 francs d'amende, novembre 1858.
Cafés additionnés de caramel dans des proportions supérieures à 10 p. 100.	Condamnations des cafés des Antilles, des Sultanes, des Connaisseurs.
Tromperie sur la nature.	Condamnations. — Café des Sultanes, café au sel de Vichy.
Fausses dénominations et annonces mensongères.	Vrai Moka superfin. (Condamnation, appel, confirmation.)

Fausses dénominations (chicorée.)	*Observations.*
Café chicorée. — Café des dames. — Moka pur. — Poudre de moka. — Café nutritif. — Café pectoral. — Fleur de moka. — Café chicorée moka. — Moka semoule. — Café indigène. — Vrai moka des dames. — Café oriental.	Les fabricants, avertis officieusement, ont consenti à changer leurs étiquettes. Pour quelques maisons importantes du Nord, le changement de matériel, des planches gravées et des feuilles déjà imprimées a occasionné une dépense de plus de 10,000 fr.

Fausses dénominations de diverses substances torréfiées.

Caféide. — Café de gland doux d'Espagne. — Café de gland doux d'Andalousie. — Café Gené (pois chiches, A.....). — Café d'Afrique (débris de cacao). — Café de Cérès (orge et gruau). — Café Tonian (caramel pulvérisé). — Café de betteraves. — Café français (céréales et coques de cacao). — Café de gruau (maïs torréfié). — Café de France.	Étiquette réformée par voie administrative.
Café mixte, mélangé de café et de chicorée.	Condamné.

Quelques débitants ont essayé de tourner la question en plaçant dans leurs boutiques des vases portant une étiquette métallique, sur laquelle ils avaient inscrit les mots de *café mêlé de chicorée*. Les tribunaux ont condamné ces marchands, par la raison que cette étiquette ne faisait pas connaître la quantité de chicorée ajoutée au café, et que l'acheteur même, s'il y eût eu des quantitées énoncées, n'aurait pu s'assurer de la vérité de l'indication.

Un sieur C..., épicier, ayant fait usage d'une boîte avec étiquette café-chicorée, fut traduit en police correctionnelle, qui rendit le jugement suivant :

« Attendu que le mélange de la chicorée avec le café ne » peut être fait que dans l'intérêt du vendeur et dans un but » essentiellement frauduleux ; que ce mélange peut être opéré » sans difficulté par le consommateur, quand le café et la » chicorée sont vendus séparément ;

» Qu'admettre qu'il soit licite de débiter du café mélangé » de chicorée, pourvu que l'inscription de ces mots : *café-* » *chicorée* soit placée sur le vase qui contient le mélange, se- » rait donner au vendeur un moyen d'éluder les prescriptions » de la loi et de consommer la fraude, rien n'étant plus facile » que de la dissimuler aux yeux des acheteurs et de s'en pré- » valoir ensuite vis-à-vis des agents de l'autorité ;

» Condamne le sieur C... en 50 francs d'amende et aux dé- » pens. »

On a aussi falsifié le café avec des semences de légumineuses torréfiées et moulues, mais ces fraudes étaient loin d'être aussi nombreuses que celles faites avec la chicorée, que les vendeurs déclaraient être *utile pour modérer l'excitation du café, et comme étant salubre et nourrissante.*

La découverte de la falsification du café par la chicorée se fait de la manière la plus simple, en prenant du café en poudre soupçonné contenir de la chicorée et le répandant à la surface de l'eau contenue dans un vase. La chicorée absorbe promptement l'eau et tombe au fond du verre, en fournissant un liquide coloré (1). Le café ne se comporte pas de la même manière ; il est cependant des cafés avariés qui absorbent l'eau avec assez de rapidité.

M. Payen a indiqué l'emploi du microscope pour faire reconnaître cette falsification. A l'aide d'un grossissement de cent cinquante diamètres, on peut distinguer le tissu, à parois très épaisses et irrégulièrement perforées, qui caractérise le périsperme du café, du tissu qui appartient à la racine de chicorée. Ce dernier offre des cellules à parois très minces, non perforées, et des tubes criblés de trous (des vaisseaux ponctués).

Il a encore indiqué le mode d'essai suivant :

On introduit dans une éprouvette de verre la poudre de café soupçonnée, on y ajoute environ dix fois son poids d'eau aiguisée par 10 centièmes d'acide chlorhydrique ordinaire, on agite un instant le mélange, puis on le laisse en repos. La poudre de café pur surnagera en grande partie, et le liquide prendra à peine une légère teinte paille ; la poudre de chicorée, au contraire, se déposera à peu près entièrement au fond du vase et le liquide prendra une teinte brune.

Lorsque le café contient des semences de légumineuses, on le démontre en préparant une décoction de ce café : on l'étend convenablement d'eau et on la traite par de l'eau iodée, qui donne avec le café, qui contient des semences de graminées, une couleur bleue plus ou moins intense.

On a falsifié à Paris le café en achetant les marcs provenant des limonadiers, les faisant dessécher, y mêlant une certaine quantité de café pour lui donner de l'arome, puis de la chicorée pour avoir de la couleur.

On reconnaît cette fraude, lorsqu'il n'y a pas addition de

(1) Ce mode de faire est celui mis en pratique dans les magasins d'épiceries lors des visites.

chicorée torréfiée, en épuisant le café soupçonné et constatant quelle est la quantité d'extrait qu'il fournit. On sait, d'après ce que nous avons dit plus haut, que 100 parties de café doivent fournir, donnée moyenne, au moins 22,50 à 23 grammes d'extrait. On peut, par la différence en moins obtenue, arriver à établir, non d'une manière mathématique, mais d'une manière évidente, s'il y a ou s'il n'y a pas falsification (1).

Un travail sur les moyens de découvrir les substances végétales mêlées au *café dans un but de sophistication*, a été publié en Angleterre par M. le professeur Graham, et par MM. Stenhouse et Dugald Campbell; ce travail, qui a été reproduit *in extenso*, dans le *Journal de chimie médicale*, renferme des documents d'un grand intérêt qui ne sont pas insérés dans d'autres publications; nous allons tâcher d'analyser le mémoire de MM. Graham, Stenhouse et Dugald, dans le moins de mots possible.

Ces savants établissent les faits qui suivent :

1° *Les semences de café peuvent perdre toute leur valeur lorsqu'elles sont conservées pendant quelque temps dans un état humide, sans que leur structure en souffre. Cette facilité de changement d'état devrait être un avis* pour les expéditeurs de café.

2° Le café détérioré par l'eau de mer a perdu l'arome et

(1) Un fabricant avait eu l'idée de mêler des *marcs de café avec de la chicorée*. Le titre de cette marchandise vendue sous le nom de café-chicorée, *substance mixte torréfiée ou chicorée-café*, ayant été le sujet de poursuites, il publia un prospectus dans lequel on trouve les phrases suivantes.

Elle sera livrée à l'avenir sous le nom de substance mixte composée de chicorée pure, de marc de café conservé, etc., pour déjeuner au lait au prix de 100 à 110 francs les 100 kilogrammes et de substance mixte extra-supérieure au prix de 150 francs les 100 kilogrammes.

Il résulte de ce qui précède la nécessité de supprimer l'image apposée précédemment sur mes caisses de substance mixte, ainsi que le mot café sur les étiquettes des paquets.

la saveur amère que la semence possède naturellement, ainsi que le principe caractéristique, la caféine.

3° La matière soluble que l'on peut retirer par l'ébullition des semences détériorées, n'excède pas 12 pour 100 de leur poids, et la présence des sels de l'eau de mer est toujours évidente.

4° La chicorée torréfiée contient plus de matière colorante que le café; 2,22 de chicorée ont le même pouvoir colorant que 5,77 de café très torréfié, et 6,95 de café moins torréfié.

5° Le poids de l'infusion de café est différent de celui de la chicorée. Les infusions de café pesant de 1008 à 1008,97, tandis que l'infusion de chicorée pèse 1019,1.

6° Le café fournit plus de substances solubles à l'éther que n'en fournit la chicorée. Le café moka torréfié agité avec l'éther fournit 15,98 de matières extraites, la chicorée 6.

7° L'alcool donne avec le café moka 26gr,35 pour 100 d'extrait, épuisant le café à 4 fois différentes par 10 fois son poids d'alcool à 16 degrés à la température de l'ébullition.

La chicorée placée dans les mêmes circonstances donne 67,76 d'extrait pour 100.

8° Le sucre qui existe dans le café s'y trouve dans les proportions suivantes avant et après la torréfaction :

	Sucre pour 100.	
	Nature.	Torréfié.
Café des plantations de Ceylan. . .	7,52	1,14
— —	7,48	0,63
— —	7,70	0,00
— —	7,40	0,00
Café natif de Ceylan.	5,70	0,46
Café de Java.	6,73	0,48
Café de Costa-Rica.	6,72	0,49
—	6,87	0,40
Café de la Jamaïque.	7,78	0,00
Café moka.	7,40	0,50
—	6,40	0,00
Café de Neilgherry.	6,20	0,00

Le sucre existe dans les chicorées dans des proportions plus fortes, avant et après la torréfaction. Voir les chiffres donnés ci-dessous :

	Sucre pour 100.	
	Naturelle.	Torréfiée.
Chicorée étrangère.	23,76	11,98
— de Guernesey.	30,49	15,96
— anglaise	35,23	17,98
— — (Yorkshire). . .	32,86	9,86

9° Les cendres obtenues de l'incinération du café, comparées aux cendres des substances employées pour sophistiquer le café peuvent souvent donner des caractères utiles, en raison de la quantité de silice qu'elles contiennent.

Les différences dont on peut surtout tirer parti dans les deux sortes de cendres comme des caractères distinctifs pour le café et la chicorée, sont les suivantes :

	Dans la cendre de café.	Dans la cendre de chicorée.
Silice et sable.		10,69 à 35,85
Acide carbonique.	14,92 à 15,42	1,78 à 3,19
Sesquioxyde de fer.	0,44 à 0,98	3,48 à 5,32
Chlore.	0,26 à 1,11	3,28 à 4,93

10° La caféine semble exister en plus grande quantité dans le café sauvage que dans celui qui est cultivé. Voici à cet égard les résultats en chiffres obtenus par les expériences faites sur différents échantillons de cafés.

Caféine dans le café non torréfié.

	Pour 100.
Café natif de Ceylan.	0,80
— — .	0,86
— —	1,01
Café des plantations de Ceylan. .	0,54
— — . .	0,83

11° L'acide chlorogénique de Payen, l'acide tanno-caféique, l'acide caféique de Rochleder et de Jaff, semblent n'exister que dans le caféier.

Parmi les faits curieux qui se rapportent à la vente du café, on doit citer :

1° L'action en justice d'un revivificateur de marc de café pour en faire de *nouveau café*, qui attaqua un de ses ouvriers qui avait voulu l'imiter en revivifiant, à son exemple, les marcs épuisés. Ce qu'il y a de singulier, c'est que ce falsificateur obtient la condamnation de son imitateur (1).

2° L'idée de M. Sapin, de Pontarlier, qui avait publié dans le *Journal de Buchoz*, 1781, le procédé suivant pour la revivification des marcs.

On se servira d'un pot vernissé, on le remplira de marc de café qu'on aura soin de tenir dans un lieu sec ; on arrosera ce marc tous les cinq jours pendant près de deux mois avec de la bonne eau de café. On mettra ensuite le pot bien couvert dans un endroit où il y aura un degré de chaleur pour déterminer la fermentation.

Six mois après on fera usage de ce marc qui est préférable au meilleur café du Levant !

Nous n'avons pas répété l'expérience indiquée par M. Sapin, mais nous pensons qu'il vaudrait mieux prendre la bonne eau de café, que de la mettre sur le marc.

SUR DIVERS CAFÉS VENDUS A PARIS.

L'enrobage qui, jusqu'à un certain point, a été toléré, a servi à une foule de personnes pour préparer des cafés qui furent annoncés sous des noms divers, nous citerons :

1° *Le café dit des Antilles*. — Ce café préparé à Vaugirard, fut reconnu être obtenu avec du café enrobé d'un caramel de basse qualité ; dans divers cas on ajoutait à ce café pour les crémiers une certaine quantité de chicorée.

Les vendeurs furent condamnés pour avoir trompé l'ache-

(1) Si nous avions eu l'honneur de présider le tribunal, nous eussions demandé que le fabricant fût mis à son tour en jugement comme falsificateur, car du marc de café n'est pas du café.

teur en annonçant que les cafés qu'ils employaient étaient des cafés choisis, le fait contraire ayant été constaté.

2° *Le roi des cafés.* — Ce café était préparé au village Levallois et au Rousset d'Acom (Eure). Il est solide et liquide. le café solide est enrobé, le café liquide est caramélisé.

M. A...., qui proposait ces mélanges, a été condamné à 300 francs d'amende.

3° *Le café de Chartres.* — C'est le café préparé par M. Royer, dont nous avons déjà parlé dans ce travail.

4° *Le café dit B....* — Ce café est un café enrobé avec une très grande quantité de caramel. Le préparateur a été condamné à l'amende.

5° *Le café dit A....* — Le café qui porte ce nom est du café torréfié en employant 20 pour 100 de caramel. Le préparateur a été condamné à 50 francs d'amende le 23 avril 1858.

Café dit des amateurs. — Ce café était préparé avec des cafés d'Haïti et de Java, enrobés de 20 pour 100, soit de sucre, soit de caramel. Les vendeurs ont été condamnés le 27 avril 1859, à 50 francs d'amende.

Café des gourmets. — Ce café préparé par enrobage, a de l'analogie avec le café de Chartres.

Café torréfié au caramel. — Ce café préparé par un sieur Ch..., en employant à l'enrobage un sixième de mélasse, a été le sujet, pour le fabricant, d'une condamnation à 50 francs d'amende le 14 avril 1858.

Café des connaisseurs. — Ce café était préparé en enrobant des cafés très ordinaires avec 16 pour 100 de caramel. Les préparateurs ont été condamnés le 23 juillet 1858, chacun à 50 francs d'amende.

Autre *café de Chartres.* — Café enrobé avec 10 pour 100 d'une matière sucrée.

Ce café est annoncé comme composé de cafés moka, martinique, bourbon et de Polenta, c'est un café enrobé.

Autre *café de Chartres.* — Café enrobé préparé à Chartres.

Café dit des Indiens. — Ce café a été déclaré être préparé en enrobant le café avec 1^{kil},125 de sucre pour 8 kilogrammes de café.

Autre *café de Chartres.* — C'est encore un café enrobé, le fabricant avait sollicité l'autorisation de vendre ce café à Paris, il fut répondu que le commerçant n'avait pas besoin d'autorisation, mais qu'il s'exposait à être condamné si le café qu'il mettait en vente était falsifié (1).

Café des Sultanes. — C'est un café enrobé avec une plus ou moins grande quantité de caramel, il y a eu condamnation à 25 francs d'amende le 13 août 1848.

Nous n'en finirions pas si nous voulions parler de toutes les annonces qui ont été faites de café. Ce sont des cafés dits *torréfiés à la vapeur, le café concentré à l'enrobage au sucre caramélisé à* 10 *pour* 100, le *café* B..., le *café indigène*, le *café de caroubes*, *etc.*, *etc.*

Toutes ces préparations peuvent conduire les personnes qui s'en occupent devant le tribunal de police correctionnelle, les dénominations employées induisant l'acheteur en erreur.

Nous avons été souvent consulté par des marchands de café, nous leur avons toujours fait connaître les dangers qu'ils couraient en faisant de fausses annonces dans le but de capter le public.

Nous donnons ici une de ces consultations.

Nous, Jean-Baptiste Chevallier, chimiste, membre de l'Académie impériale de médecine, du Conseil de salubrité, chargé par M. B... de l'examen d'un échantillon de café dit *café saccharin ou sacchareux torréfié à la vapeur*, déclarons avoir fait les expériences et obtenu les résultats que nous allons faire connaître.

Le café à examiner était contenu dans une boîte de fer-blanc portant une étiquette sur laquelle on lit: *La supériorité*

(1) Le succès du café Royer a donné lieu à toutes ces imitations.

de ce café est due à la combinaison de plusieurs sortes, la fève étant double présente aux consommateurs une économie de moitié.

Une demi-once suffit pour une forte tasse. Prix de la boîte, 1 fr. 50 ; on reprend la boîte pour 30 cent.

Le consommateur est prévenu qu'une boîte est indispensable pour la bonne conservation de ce café.

Soumis à la dégustation, ce café sans être additionné, comparé avec d'autres cafés de bonne qualité torréfiés convenablement, est inférieur en goût, il n'a pas l'arome de la fève du café, mais un goût particulier acide, puis amer, rappelant le caramel.

Dégusté après avoir été additionné de lait, il n'a pas la bonne saveur des cafés au lait préparés avec les cafés. Cependant il donne au café au lait une couleur plus brune, couleur que ne donne pas l'infusion de café qui n'a été additionnée d'aucune substance étrangère au café.

Examiné, on a vu que ce café donne 6gr,40 de cendres ; les bons cafés en donnant 5gr,10.

100 grammes de ce café donnent 46 grammes d'extrait.

Le café sans addition en fournit beaucoup moins.

Nous ne pouvons dire que le café que nous avons examiné est le résultat d'un mélange de diverses sortes de café, puisqu'il est en poudre, qui, lors de la torréfaction, qui n'a pas eu lieu à la vapeur, a été *enrobé* avec une matière sucrée qui, pendant l'opération, a passé à l'état de caramel.

Ce café ne peut donc prendre le nom de *café saccharin* ni *sacchareux*, il ne peut être annoncé *comme torréfié à la vapeur*, car l'administration qui s'occupe de la réglementation de la vente des cafés, pourrait intervenir et considérer ces annonces comme une tromperie sur la nature de la marchandise.

Ce café est un *café enrobé* pendant la torréfaction, méthode qui a été employée par les Hollandais et par les Belges, puis par R... (de Chartres), puis au Palais-Royal, enfin, par un grand nombre d'autres épiciers ou spécialistes vendant du café.

Ce café ne présente donc rien de nouveau, et s'il est vendu il faudra nettement déclarer qu'il a été enrobé par une matière sucrée lors de la torréfaction.

DU CARAMEL, DU TONIAH, DIT CAFÉ TONIAH.

L'emploi de substances colorantes pour donner à l'infusion du café une couleur plus foncée, s'étant répandu et le goût des personnes qui en font usage s'étant perverti, un sieur S..... et une demoiselle M.... ont eu l'idée de colorer le café par le caramel, comme on colore les sauces dans nos cuisines, à cet effet, ils ont demandé le 16 mai 1844, à M. le ministre du commerce, un brevet dont voici la teneur :

« Le café touiah n'est autre que le mélange du café en » boisson avec la mélasse préparée. Il est généralement re- » connu *que le café naturel est de sa nature* très échauffant, et » par cela même nuisible à beaucoup de personnes; aussi le » prend-on d'ordinaire mélangé, entre autres avec la chicorée » qui a une saveur âcre, et dont la couleur n'est pas pure.

» Le mélange du café avec la mélasse préparée est un ex- » cellent tonique, d'une saveur et d'une odeur agréables, et » qui est considéré par beaucoup de médecins étrangers, » comme très utile à la santé (1).

» La mélasse préparée présente l'avantage de rendre le café » très salubre et moins dispendieux, elle se dissout très faci- » lement dans l'eau chaude, sans laisser aucune trace du marc, » et constitue un liquide coloré d'une grande pureté; son » avantage particulier est d'être rafraîchissante et de n'agiter » sous aucun rapport.

» Sa préparation consiste, lorsqu'elle provient du com-

(1) On se demande comment, dans un brevet, on tolère de pareilles éc[illegible].

» merce, à la purifier et à la filtrer, puis à la laisser réduire » sur le feu à la moitié de son volume; on la laisse alors refroi- » dir, et elle forme une espèce de pâte qui se solidifie (1).

» Dans cet état, elle peut être employée. Pour cela, on en » mêle un morceau variable suivant la dose du café, avec le » café en poudre, puis on verse de l'eau chaude sur ce mélange » qui se dissout avec la plus grande facilité. L'infusion qui en » résulte est le café toniah. Cette mélasse préparée se délaye » très bien dans le lait, et constitue une boisson très agréable » et un adoucissant pour la poitrine.

» Le caractère distinctif du café toniah repose donc sur » l'infusion de ce café avec la mélasse préparée constituant » une boisson plus saine et moins dispendieuse que le café » naturel.

» Les avantages que présente ce mélange sont de former un » excellent tonique, d'une saveur et d'une odeur très agréa- » bles, puis d'un coloris qui ne laisse rien à désirer.

» La boîte ci-jointe que nous déposons comme échantillon » de mélasse préparée, peut donner une idée de son bon goût » et de sa saveur.

» Nous déclarons donc nous réserver le privilége exclusif » du mélange de la mélasse préparée avec le café pour former » le café dit toniah, réunissant les avantages ci-dessus dé- » crits, cette application n'ayant pas encore été faite en » France et ayant subi dans sa préparation une amélioration » et une simplicité remarquables. »

On voit que ce brevet qui, selon nous, n'a pas de valeur, n'a pour but que la préparation du caramel avec les mélasses. En effet, on sait que depuis longtemps on prépare des caramels avec le sucre, avec les mélasses, et que ces caramels sont vendus pour la coloration de la bière, des eaux-de-vie et de divers liquides.

(1) Ces opérations auraient pu être décrites d'une autre manière, si on aurait pu dire convertie en caramel.

Quoi qu'il en soit, le caramel (le toniah) est offert aux épiciers en substitution de la chicorée.

Quoique le toniah ne soit pas ajouté au café pour en augmenter le poids, les tribunaux ont considéré son addition au café comme étant une falsification, et des épiciers qui en ont fait usage ont été condamnés.

Nous avions demandé que défense fût faite au sieur S..... de vendre son toniah aux épiciers puisqu'ils ne devaient pas l'employer, et que son addition au café pouvait les faire condamner correctionnellement, mais notre demande n'a pas encore été entendue.

Les cafés enrobés avec le sucre, la mélasse torréfiée, les caramels, le toniah, présentent ce caractère que, mis en contact avec l'eau, ils la colorent rapidement. On aperçoit des stries colorées qui descendent dans le liquide, et si l'on n'agite pas le vase, il y a au fond de ce vase accumulation d'un liquide très coloré.

Ces cafés donnent des infusions plus chargées, que nous n'apprécions pas, mais qui sont recherchées : 1° par les crémiers qui, à Paris, font un grand débit de café au lait ;

2° Par les individus qui, à l'entour des halles et marchés, vendent du café à 10 centimes la tasse (1).

DES SUBSTANCES QUI, N'ÉTANT PAS DU CAFÉ, ONT ÉTÉ VENDUES AVEC LA DÉNOMINATION DU MOT CAFÉ SUIVI D'AUTRES DÉSIGNATIONS.

On a donné le nom : 1° de *café de France*, à du maïs torréfié additionné de chicorée torréfiée qui était préparée par un médecin-pharmacien du département de la Charente-Inférieure ;

2° De *café de betteraves* à la betterave torréfiée ;

3° De *café de gland doux* à un mélange dans lequel le gland torréfié entrait en petite quantité additionné de maïs, de céréales torréfiées ; de *café de gruau*, de *trésor de la santé*,

(1) On pourrait substituer au toniah, avec avantage, une conserve (*un extrait suc de chicorée*).

de *moka en poudre*, de *café des dames*, à divers mélanges; de *café de fèveroles* à des fèveroles torréfiées, de *café de châtaignes* à des châtaignes torréfiées; de *café Cèze*, aux pois chiches torréfiés, de *café d'Afrique* à un débris de cacao mêlé à du café; de *café de Cérès* à une préparation composée d'orge et de gruau torréfiés; de *café français* ou café indigène préparé avec des coques de cacao torréfiées et enrobées de caramel.

Quant à la chicorée, elle était vendue sous le nom de *café chicorée moka*, de *vrai moka superfin*, de *moka en poudre*, de *Moka en semoule*, de *chicorée café moka*, de *café digestif*, de *café oriental*, de *café mitigatif*, de *café pectoral*, de *fleur de moka*, *etc.*, *etc.*

D'après la législation actuelle, toutes ces préparations doivent être vendues sous le nom de *chicorée torréfiée*, avec la suppression du mot café. Un fabricant, le sieur L. G..., a été condamné à dix jours de prison et 50 francs d'amende pour avoir employé, pour la vente de ces produits, une fausse dénomination.

L'administration a invité un grand nombre de débitants à faire disparaître le mot café inscrit sur les paquets de chicorée torréfiée, ce qui a été fait.

Dans l'énumération que nous avons faite des produits qui portaient le nom de *café*, et qui, il y a quelques années, servaient à frauder ce produit, nous avons pu faire des oublis, mais ils sont peu considérables, car autant que possible nous avons tenu à être au niveau de la question. Nous répéterons ici qu'il est encore des fraudes qui consistaient à préparer de *faux cafés en grains* avec de la chicorée et des substances végétales torréfiées, faisant une pâte et la mêlant. Nous avons été à même de faire saisir une grande quantité de ces cafés, qui sont reconnaissables en ce que les grains sont, en raison de leur configuration, faciles à reconnaître, en ce que, mis en contact avec l'eau, ils se délayent dans ce liquide.

Qu'une autre fraude a été pratiquée en épuisant le café en

grains, pour préparer ce qu'on appelle l'*essence de café* revendant ces grains épuisés comme *café torréfié*.

Un écrivain bien connu, M. Xavier Eyma, a, dans un article sur les cafés, fait ressortir le dommage que ces fraudes nuisibles au public causaient au Trésor.

Il disait que s'il n'entrait en circulation que 12 à 15 millions de kilogrammes de café pur en France, la consommation était bien plus considérable, puisqu'elle s'élevait de 40 à 45 millions. Si ces faits sont bien constatés, il en résulterait que 30 millions de kilogrammes de matière falsifiante sont employés, et que le Trésor est privé des sommes que payeraient ces 30 millions de kilogrammes de café.

M. Xavier Eyma terminait son article de la manière suivante :

« Ces 30 millions de kilogrammes de plus de café nécessiteraient la mise en campagne d'un nombre considérable de navires. Or, nos navires ayant intérêt à prendre la mer avec un fret de sortie, et n'allant chercher leur fret de retour en café que dans des pays avec lesquels nous sommes déjà en rapports commerciaux, ou avec lesquels nous avons avantage à ouvrir des relations commerciales, quitteraient nos ports, les flancs chargés de marchandises manufacturées pour des sommes correspondantes aux quantités de café qu'ils rapporteraient au retour.

» De là bénéfice pour le Trésor, profit bien clair et bien net pour nos fabriques, aliment précieux pour notre navigation, ajoutons voie nouvelle offerte à l'agriculture de nos colonies, où l'exploitation du café est négligée, sinon totalement abandonnée, en face d'une concurrence sans avantage pour la France, et de droits exorbitants que le Trésor serait alors parfaitement en mesure d'atténuer.

» C'est ce que l'Angleterre a parfaitement compris quand elle a décrété tout récemment la défense absolue de toute falsification préalable du café livré à la consommation. Cette mesure n'exclut pas la libre faculté de la part des consom-

» mateurs d'opérer le mélange, mais au moins sont-ils en
» mesure de savoir ce qu'ils font, sans que l'honorabilité du
» commerçant soit atteinte, et de manière que les intérêts de
» l'Etat, de la navigation et des pays producteurs ne reçoivent
» aucun dommage.

» *Admettons* qu'il y ait pour la France un avantage commercial ou agricole, que nous ne voyons pas à favoriser la
» culture de la chicorée, et à en autoriser le mélange avec le
» café. Est-ce une raison pour que cette substance soit elle-
» même falsifiée dans la mesure des sept huitièmes environ ?
» Si la chicorée seule altérait la saveur et la qualité primi-
» tives du café, le dommage pour le Trésor, pour la marine,
» pour les Colonies, pour le commerce, ne se ferait sentir que
» dans des proportions minimes ; mais c'est que sous prétexte
» de chicorée, on introduit dans le café des poudres colorantes,
» de la terre, de la brique pilée, des tourbes, des racines de
» toutes sortes.

» L'intérêt du Trésor est lésé, la bonne foi commerciale
» est compromise, la confiance de l'acheteur est trompée, la
» santé publique est atteinte.

» C'est donc à la fois sur toutes ces raisons que nous nous
» appuyons pour appeler l'attention sur le commerce du café
» tel qu'il se pratique aujourd'hui.

» L'intérêt de l'Etat, l'intérêt de la santé publique, tels sont
» les deux mobiles qui nous poussent à dévoiler si souvent
» les fraudes odieuses et répugnantes dont le consommateur
» de café est victime tous les jours. Xavier EYMA. »

Quoique les chiffres de M. Xavier Eyma me semblent un peu élevés, nous ne pensons pas moins que ses réflexions sont justes; elles méritent de fixer l'attention de l'administration supérieure.

Ce travail était à l'impression lorsqu'une commission du Conseil de salubrité, composée de MM. Payen, Baube, Boudet, Chevallier, Mathieu et Trébuchet, présenta, dans la séance du 8 novembre 1861, un rapport sur la falsification du café, rapport qui fut adopté, et dont les conclusions sont les suivantes :

1° Les produits vendus sous la dénomination de cafés des différentes sortes commerciales, doivent être exempts de tout mélange avec des matières étrangères quelconques ; en cas d'infraction, les détenteurs seront traduits devant les tribunaux pour tromperie sur la nature de la marchandise ou pour falsification ;

2° Les diverses substances torréfiées, telles que la chicorée, les betteraves, les châtaignes, glands de chêne, orge, maïs, pois chiches, devront être vendus sous leur véritable nom, sans que le mot café puisse, à quelque titre que ce soit, être inscrit sur l'étiquette ;

3° La chicorée devra être vendue exempte de toute matière étrangère, terreuse ou autre ;

4° Les falsifications de toute nature, notamment celles qui consistent à offrir aux acheteurs des résidus ou marcs préparés, en vue d'imiter les apparences ou les formes du café, seront, après saisie et constatation par l'analyse, déférées aux tribunaux ;

5° Une seule exception aux dispositions précédentes s'applique au café enrobé ou mêlé de caramel, mais la dose de cette substance ne devra jamais excéder 6 p. 100 du poids total, à moins que cette proportion de caramel, égale en totalité à 7, 8, 9 ou 10 p. 100, ne soit indiquée très lisiblement sur l'étiquette ; en aucun cas, la limite extrême de 10 p. 100 ne pourra être dépassée sans donner lieu à des poursuites devant les tribunaux ;

6° Les cafés avariés par des lavages à l'eau de mer ou autres ne pourront être vendus que sous une désignation spéciale indiquant cette altération, sinon, après saisie et analyse, les détenteurs seront déférés aux tribunaux pour avoir trompé l'acheteur sur la nature de la marchandise vendue.

PIÈCES JUSTIFICATIVES.

I. — *Notes relatives au café, extraites de rapports d'inspection.*

La majeure partie des rapports d'inspection, dans leur partie relative aux boissons alimentaires, préfèrent la décoction de café comme boisson hygiénique.

Comme aliment il y a tendance à adopter l'infusion de café noir sucrée pour le premier repas du matin, de préférence à la soupe.

Cet usage généralisé serait une bonne mesure et enlèverait aux hommes l'idée de boire la goutte dès le matin, ce qui est excusable dans bien des régiments où l'on ne fait pas le café et où les hommes n'ont pour premier repas qu'un simple morceau de pain sec.

Le café se fait le matin en campagne et en Afrique dans tous les corps; on le fait faible, en sorte que la grande quantité que l'on obtient de cette infusion permet d'y tremper le pain de munition.

J'ai fait de longues étapes à pied, surtout en Afrique, et j'ai remarqué que l'excitation produite par cette boisson prédisposait à la gaieté, et faisait faire avec entrain la première moitié de l'étape, suivie, comme on le sait, de la halte où l'on fait le déjeuner. Après le déjeuner, une simple tasse de café rend encore une fois les jambes plus lestes.

Cet effet est également produit par l'eau-de-vie; mais l'excitation alcoolique s'annihile au bout de deux heures de marche, alors on se sent plus lourd; après avoir bien marché on soupire après l'étape, et le soir, j'en ai fait l'expérience et je l'ai observé sur d'autres, on est saisi d'un mouvement fébrile.

Le café en route et en campagne aura toujours l'avantage sur l'eau-de-vie, mais jamais, hygiéniquement parlant, sur le vin. Mais ce dernier est d'un transport et d'une conservation autrement difficiles.

Le café devrait être distribué le matin, en paix comme en guerre, à toutes les troupes.

II. — *Pièces relatives au café, existant au Conseil de santé.* (Archive, section d'Hygiène, carton 4.)

1° *Proposition (faite par M. le ministre) en date du 16 novembre 1812, de substituer le café au vin dans la place de Corfou.*

2° *Réponse du Conseil, contenant des réflexions sur les avantages et les inconvénients de cette substitution.*

3° Le Conseil est consulté sur l'opportunité de distribuer du café à certains malades. (Lettre ministérielle du 10 octobre 1849.)

4° Réponse négative du Conseil, réserve faite des cas exceptionnels.

5° Circulaire (n° 2) du 19 janvier 1854, du ministre de l'agriculture et du commerce, relative aux fraudes auxquelles *sont* sujets les cafés-chicorées.

6° *Lettre ministérielle* relative à une proposition faite par le sieur Alliaud (de Beaucaire) de donner gratuitement à l'armée d'Orient une certaine quantité de *café indigène*, dont il est l'inventeur.

7° Refus du Conseil, basé sur l'ignorance où l'on est de la composition de ce produit, sur les propriétés *adoucissantes* et *calmantes* attribuées par l'auteur à son produit, propriétés en opposition avec celles du café, et qui éloignent l'idée d'une similitude d'action entre le café et cette préparation de l'auteur.

III. — M. le baron Larrey nous a donné son opinion dans une lettre du 8 octobre 1861, que nous rapportons textuellement :

« L'usage du café dans le régime *alimentaire* de l'*armée* est une question d'hygiène militaire digne de vos savantes recherches. Vous avez bien voulu me demander mon avis sur ce sujet au Conseil de salubrité, et je me serais empressé de vous l'adresser plus tôt, si je n'en avais été empêché par diverses obligations ; mais j'ai chargé l'un des secrétaires adjoints du Conseil de santé, le docteur Martin, de rechercher dans nos archives les divers travaux relatifs à cette question, et de vous les indiquer, en vous soumettant quelques remarques de lui sur la falsification du café. Il devait même avoir l'honneur de vous voir ces jours-ci, et m'excuser auprès de vous de n'avoir pu répondre encore à votre demande, ce qui me reste à vous dire se trouvera ainsi simplifié.

» L'utilité du café pour les troupes en campagne m'avait été démontrée depuis longtemps par mon père, qui lui-même en avait constaté les excellents effets lors de l'expédition d'Égypte et de Syrie, en appréciant les avantages de cette coutume parmi les *indigènes*. Il contribua beaucoup à l'introduire plus tard dans l'armée.

» Il considérait même le café fait à la façon de l'Orient, comme une boisson préventive de la fièvre intermittente, et je me rappelle qu'en 1842 lorsque je l'accompagnais dans sa funeste inspection médicale en Algérie, il eut à ce sujet une conférence assez animée avec le maréchal Bugeaud alors gouverneur général.

» La fréquence des fièvres intermittentes était telle à cette époque notamment dans la contrée de Bône, que le maréchal voulait faire prescrire aux troupes du sulfate de quinine comme moyen préventif. Mon père lui démontra l'inutilité, les inconvénients et les abus à craindre d'une semblable prescription, en lui proposant divers moyens d'hygiène générale et particulièrement l'usage du café substitué spécialement à l'eau-de-vie dans les exercices, les manœuvres, les marches et les expéditions.

» Les précieux avantages de cette substitution m'ont été démontrés plus tard, lorsque je suis allé moi-même faire une inspection médicale à l'armée d'Afrique et je serais même porté à croire que le café tend à affaiblir, mais non à neutraliser les pernicieux effets de l'absinthe si malheureusement propagée aujourd'hui.

» J'ai eu occasion en 1857 de recommander l'usage du café pour les troupes de la garde réunies au camp de Châlons, lorsque j'avais l'honneur comme chef du service de santé d'assister journellement au rapport de l'Empereur ; Sa Majesté voulut bien, d'après mon avis, ordonner la distribution de ce breuvage salutaire et se faire rendre compte de ses effets. Voici du reste ce que j'en ai écrit dans mon rapport au Ministre de la guerre (1).

» L'usage du café reconnu bien utile en campagne a été introduit au camp, mais il ne devrait pas devenir un abus dans l'armée, parce que c'est à la nature du climat de déterminer l'opportunité de cet usage.

» Le café provenant de la manutention et destiné le matin à la troupe, était de fort bonne qualité, mais il contribuerait plus sûrement à stimuler les forces du soldat, si les sous-officiers chargés des distributions ne croyaient bien faire en mêlant parfois à ce café naturel une matière étrangère, la chicorée, dont la saveur est si reconnaissable et dont la propriété laxative tend à produire des effets contraires à ceux du café pur. Je me suis assuré que ce mélange existait en goûtant le café au moment où il était distribué à la troupe et j'ai dû en faire l'observation au rapport de l'Empereur. M. l'intendant de la garde a pris la peine de rechercher les échantillons que M. le major général m'a remis lui-même pour les faire examiner chimiquement. Une première analyse faite par le pharmacien-major de l'hôpital de Châlons et une seconde plus décisive demandée par le Ministre au pharmacien en chef du Val-de-Grâce, n'ont laissé aucun doute sur la pureté du café provenant de la manutention, sauf quelques différences peu notables entre les échantillons. Il fallait donc que le mélange de chicorée provint de ceux qui l'aimaient sans doute de la sorte. C'est ce que l'on a ensuite reconnu.

» Il serait désirable cependant que la dégustation du café fût faite chaque matin au quartier, dans le moment de la distribution aux soldats afin d'interdire un mélange qui peut convenir à quelques hommes, mais qui doit nuire à un plus grand nombre.

» Un incontestable avantage du café c'est de neutraliser ou de détruire l'action débilitante de la chaleur et sous ce rapport les Orientaux lui attribuent une sorte de spécificité. La conséquence de cet effet est d'apaiser la soif et de prévenir ainsi les effets fâcheux des boissons froides pendant la transpiration.

(1) Rapport sur l'état sanitaire du camp de Châlons, sur le service de santé de la garde impériale et sur l'hygiène des camps. (1858).

» J'avais eu soin en 1859 comme médecin en chef de l'armée d'Italie de recommander l'usage habituel du café dans le régime alimentaire et je serais disposé même à lui attribuer une petite part des heureux résultats que nous avons obtenus des principales mesures d'hygiène contre le développement des épidémies.

» Deux maladies entre autres qui ont fait des ravages en Crimée, le typhus et le scorbut peuvent trouver dans l'emploi du café, non pas un remède, mais un préservatif ou du moins un palliatif favorablement uni aux prescriptions essentielles pour prévenir avant tout les effets de l'encombrement si redoutables parmi *les grandes armées en campagne*.

» Agréez, mon cher collègue, etc. Baron LARREY. »

IV. — La lettre ci-jointe qui nous est aussi remise par M. le baron Larrey, démontre que l'usage du café pour les troupes est regardé comme une amélioration pour la santé du soldat.

Extrait d'une lettre de M. l'inspecteur Maillot. — Ordinaire des troupes — Nouveau mode de fonctionnement.

Marseille, le 14 Juillet 1861.

MONSIEUR LE MARECHAL,

« Presque tous les chefs de corps s'applaudissent des nouvelles mesures prises à l'endroit des *ordinaires* : quelques-uns seulement y font des objections qui ne sont pas du ressort de l'hygiène et que je suis incompétent à apprécier; mais au point de vue de l'amélioration de l'alimentation, tous s'accordent à la constater. C'est un progrès qui en amènera d'autres bien certainement. Si les *ordinaires*, par exemple, pouvaient réaliser quelques économies, ces économies, ajoutées à la prestation actuelle et annuelle de l'eau-de-vie, permettraient peut-être de satisfaire un vœu que j'ai souvent entendu exprimer : ce serait de donner tous les matins, comme premier repas, une soupe au café aux soldats et aux sous-officiers. Les avantages que l'armée d'Afrique retire de cette alimentation sont de nature à faire désirer qu'elle soit adoptée aussi en France et que toute l'armée en retire le même bénéfice. » MAILLOT.

Nous apprenons à l'instant même que des personnes qu'on nous fait connaître, les sieurs L..., G..., R... et V..., achètent, dans les grands *cafés* de Paris, *les marcs de café* pour les travailler et les vendre de nouveau comme café. Cette opération est, selon nous, une falsification qui doit être réprimée et punie.

Paris. — Imprimerie de L. MARTINET, rue Mignon, 2.

De la bière, sa composition chimique, sa fabrication, [illegible] boisson, par G.-F. MULDER, professeur de chimie à l'Université d'[illegible], traduit sous les yeux de l'auteur par Aug. DELONDRE. Paris, 1861, 1 joli volume in-18 jésus de [illegible] pages [illegible]

Hygiène alimentaire des Malades, des Convalescents et des Valétudinaires, ou du Régime envisagé comme moyen thérapeutique, par le docteur J.-B. FONSSAGRIVES, médecin en chef de la marine, professeur de thérapeutique générale à l'École de médecine de Brest, etc. Paris, 1861, 1 vol. in-8 de 660 pages [illegible]

Hygiène de la première Enfance, comprenant les lois du mariage, les soins et les maladies de la grossesse, l'allaitement, le choix des nourrices, le sevrage, etc., par le docteur E. BOUCHUT, professeur agrégé de la Faculté de médecine de Paris, médecin de l'hôpital Sainte-Eugénie. Paris, 1862, in-18 de 400 pages [illegible] 3 fr. 50

Traité pratique d'hygiène industrielle et administrative, comprenant l'étude des établissements dangereux et insalubres, par le docteur MAX. VERNOIS, médecin consultant de l'Empereur, membre du Conseil de salubrité. Paris, 1860, 2 vol. in-8. 16 fr.

De l'abus des boissons spiritueuses, considéré sous le point de vue de la police médicale et de la médecine légale, par le docteur ROESCH, in-8 [illegible] fr. 50

Sur l'insalubrité des résidus provenant des distilleries, et sur les moyens proposés pour y remédier. Rapport présenté aux Comités d'hygiène publique et des arts et manufactures, par M. WURTZ, professeur de chimie à la Faculté de médecine de Paris, membre du Comité d'hygiène publique. Paris, 1859, in-8 [illegible] fr. 25

Traité de la vieillesse, hygiénique, médical et philosophique, ou Recherches sur l'état physiologique, les facultés morales, les maladies de l'âge avancé et sur les moyens les plus sûrs, les mieux expérimentés, de soutenir et de prolonger [illegible] à cette époque de l'existence, par le docteur J.-H. RÉVEILLÉ-PARISE, membre de l'Académie de médecine, etc. Paris, 1853, 1 volume in-8 de 500 pages [illegible] 7 fr.

Dictionnaire de Diagnostic médical, comprenant le diagnostic raisonné de chaque maladie, leurs signes, les méthodes d'exploration et l'étude du diagnostic par organe et par région, par E.-J. WOILLEZ, méd. des hôpitaux de Paris, 1862, in-8 de 944 p. 11 fr.

Éléments de Botanique médicale, contenant la description détaillée des végétaux utiles à la médecine et des espèces nuisibles à l'homme, vénéneuses ou parasites, précédés de considérations générales sur l'organisation et la classification des végétaux, par MOQUIN-TANDON, professeur d'histoire naturelle médicale à la Faculté de médecine de Paris, membre de l'Institut. Paris, 1861, 1 vol. in-18 jésus, avec 128 figures intercalées dans le texte [illegible] fr.

Du typhus épidémique, et histoire médicale des épidémies de typhus observées au bagne de Toulon en 1855 et 1856, par le docteur A.-M. BARRALLIER, professeur de pathologie médicale à l'École de médecine navale du port de Toulon, second médecin en chef de la marine. 1861, in-8 de 350 pages [illegible] 5 fr.

Traité des maladies des Européens dans les pays chauds (régions tropicales), climatologie, maladies endémiques, par le docteur A.-F. DUTROULAU, premier médecin en chef de la marine. 1861, 1 vol. in-8°, 607 pages [illegible] fr.

Traité de Chirurgie navale, par L. SAUREL, chirurgien de la marine, professeur agrégé à la Faculté de médecine de Montpellier, suivi d'un Résumé de leçons sur le service chirurgical de la Flotte, par le docteur J. ROCHARD, chirurgien en chef de la marine, professeur à l'École de médecine navale du port de Brest. 1861, in-8 de 700 pages, illustré de 100 planches intercalées dans le texte [illegible] fr.

Clinique chirurgicale, par L. VOILLEMIER, chirurgien de l'hôpital Lariboisière, professeur agrégé de la Faculté de médecine. 1861, in-8, xii-472 pages, avec 2 planches lithographiées [illegible]

Traité d'anatomie pathologique générale, par J. CRUVEILHIER, professeur d'anatomie pathologique à la Faculté de médecine de Paris. Tome IV, in-8° de 852 p. 9 fr.

Les tomes I à IV, Paris, 1849-1862, 4 vol. in-8 [illegible] 35 fr.

Le tome V et dernier est sous presse.

Guide pratique de l'accoucheur et de la sage-femme, par le docteur Lucien PÉNARD, chirurgien principal de la marine, professeur d'accouchement à l'École de médecine de Rochefort. 1861, in-18, xxiv-504 pages, avec 87 figures [illegible]

Paris. — Imprimerie de L. MARTINET, [illegible]

www.ingramcontent.com/pod-product-compliance
Ingram Content Group UK Ltd.
Pitfield, Milton Keynes, MK11 3LW, UK
UKHW012255240726
13966UKWH00004B/1429